神奇的植物

Das Buch gegen das Kein Kraut gewachsen ist

[德]葛尔妲 · 安格尔 · 施密特(Gerda Anger Schmidt)[德]瑞娜特 · 哈冰尔(Renate Habinger)著
李伊予[德]韩特 陈正庭 译

電子工業出版社
Publishing House of Electronics Industry
北京 • BEIJING

版权贸易合同登记号　图字：01-2018-0619

图书在版编目（CIP）数据

神奇的植物 / (德) 葛尔妲 · 安格尔 · 施密特 (Gerda Anger Schmidt) , (德) 瑞娜特 · 哈冰尔 (Renate Habinger) 著 ; 李伊予 , (德) 韩特 , 陈正庭译 . —北京 : 电子工业出版社 , 2019.4
ISBN 978-7-121-36105-0

Ⅰ . ①神… Ⅱ . ①葛… ②瑞… ③李… ④韩… ⑤陈… Ⅲ . ①植物 – 普及读物 Ⅳ . ① Q94-49

中国版本图书馆 CIP 数据核字 (2019) 第 039602 号

策划编辑：于军琴
责任编辑：裴杰
印　　刷：北京富诚彩色印刷有限公司
装　　订：北京富诚彩色印刷有限公司
出版发行：电子工业出版社
　　　　　北京市海淀区万寿路 173 信箱　邮编：100036
开　　本：787 × 1092　1/16　　印张：6.5　　字数：142 千字
版　　次：2019 年 4 月第 1 版
印　　次：2019 年 4 月第 1 次印刷
定　　价：79.80 元

植物可应用部位图标

- 可用正开花的香草
- 可用香草的花朵
- 可用香草的根茎
- 可用香草的叶子
- 可用香草的种子

图标的意义

- 请来采摘
- 快把我种在园地或花盆里
- 能把我制成可口的茶饮
- 用于烤成美味的面包
- 我可以和所有甜食相配
- 适合放进浴盆
- 用于烹调美味佳肴
- 新鲜生吃味道好
- 用来煮汤
- 小心，辛辣
- 我能治病

统统吃光?
茴芹
开花
腐殖质
我
季节
生命
跨越田野
schmecken
奇迹
有10只山羊小心翼翼地往两块西梅蛋糕上撒糖

× 茴芹 × 山金车 × 小米草 × 熊葱 × 缬草 × 荨麻 × 冬香薄荷 × 咖喱粉 × 莳萝 × 龙蒿
× 药蜀葵 × 羽衣草 × 茴香 × 雏菊 × 蕨麻 × 调料丁香 × 欧活血丹 × 芥菜 × 款冬 × 姜
× 贯叶连翘 × 三叶草 × 洋甘菊 × 莴缕子 × 峨参 × 薰衣草 × 月桂 × 欧当归 × 蒲公英
× 马郁兰 × 肉豆蔻 × 香蜂草 × 牛至 × 欧洲龙芽草 × 欧香芹 × 胡椒 × 胡椒薄荷
× 宽叶百里香 × 披碱草 × 金盏花 × 迷迭香 × 鼠尾草 × 酸模 × 番红花 × 平车前
× 香蓍草 × 细香葱 × 日本鬼灯檠 × 百里香 × 香草 × 欧洲刺柏 × 肉桂皮 × 洋葱

前言

怎样才能让食物的味道最可口？答案每个人都知道——要用喷香的香草和作料调味。试想一下，如果熬汤没有欧当归，做土豆泥缺少肉豆蔻，烤面包缺葛缕子，那么这些食物将会缺少多少滋味？更不要说做苹果泥缺少肉桂皮，做布丁没有香草，烤比萨饼缺少比萨草了。很少有人会吃那种无滋无味的食物。

在认识香草和香料的旅程中，我们将体验异国香草的甜香、调料丁香的特殊风味，以及不用远行就能找到的略有胡椒味的冬香薄荷和闻着、吃着像大蒜一样的熊葱。从养眼的小米草，到辛香的肉桂皮，你摸一摸，或品尝一下，就能轻而易举地知道哪种香草适合放在汤中，哪种适合放在沙拉中。有朝一日，你一定可以辨别出各种香草，虽然这种本领不是一天就能练成的。

要充分利用香草和香料的多样性。香草不但能增加食物的香味，还可以强身健体。因此，变化多样的饮食不仅能满足口腹，还能防病、治病。如果我们生病了，自然要去看医生，但是，倘若将对症的药物均匀分摊在全年的食物中，看医生的次数一定会减少。

最后一点，且非常重要的是，香草和香料具有让人感觉舒适的作用。假如身体疲倦，可以准备一个修身养神的芳香浴——往浴池里滴数滴香蜂草或薰衣草精油，如此能让人睡得舒服酣畅。假如思虑过度，或为家庭作业而头痛不止，不妨喝一杯水，在房间里慢慢踱步，薄荷熏灯散发出来的袭人芳香会立见奇效。

在香草园地中，在窗台上的作料罐里，在森林间，在草地上，我们可以发掘到那些连狗熊、狐狸、蜗牛和刺猬也不会放过的美味。事实上，并非只有人类才懂得养生和享受。

瑞娜特·哈冰尔

一般来说，**眼睛**最先看到世间万物：光明与黑暗、万紫千红的颜色，以及最为重要的——运动。眼睛帮助我们看清大千世界。

小米草

拉丁学名： ***Euphrasia officinalis***

科：玄参科

栖身地： 小米草生长在草地、水岸和林地边缘。

用途： 小米草可抑制炎症；促进消化，有收敛作用；对呼吸器官的病变有辅助治疗效果；可作为治疗眼睛的药物来使用。将小米草制成温暖的敷片（把浸泡过的药棉敷在闭着的眼睛上），可对控制眼部感染和缓解眼睛过度疲劳有一定作用；也可以配合眼部洗浴器睁眼使用，但是必须保证每只眼睛单独清洗，以防交叉感染！小米草又被称为“偷奶草”，是因为小米草对哺乳期的女性有副作用——会减少乳汁分泌量。

茴芹
山金车
小米草
熊葱
缬草
荨麻
冬香薄荷
药蜀葵
羽衣草
茴香
雏菊
三叶草
洋甘菊
峨参
欧当归
葛缕子
薰衣草
月桂
欧香芹
胡椒
披碱草
酸模
鼠尾草
宽叶百里香
金盏花
迷迭香
胡椒薄荷

咖喱粉的成分：
胡椒
辣椒
调料丁香
肉桂皮
豆蔻
芫荽
肉豆蔻花
多香果
孜然
生姜
肉豆蔻
姜黄根粉
葫芦巴
芥末子
莳萝
龙蒿
可供利用的部分是叶子
调料丁香
蕨麻
欧活血丹
荠菜
款冬
姜
贯叶连翘
马郁兰
蒲公英
香蜂草
肉豆蔻
牛至
欧洲龙芽草
香蓍草
平车前
番红花
细香葱
日本鬼灯檠
百里香
香草
欧洲刺柏果
洋葱
肉桂皮

百灵香草 有些植物同时对多种病痛有辅助治疗作用。这类有益的香草包括洋甘菊、雏菊（见39页）、平车前（见43页）以及鲜为人知的欧洲龙芽草等。欧活血丹和香蜂草虽常常被视为杂草，却也是不可多得的美味。

欧活血丹

拉丁学名： *Glechoma hederacea*

科：唇形科

栖身地： 欧活血丹生长在灌木丛中，遍及休耕田地、湿润的草地、林间草坪和田边地头。其枝蔓可伸展至1米以外。

食用方法： 可做成春季时令汤或沙拉食用。既适合生吃，也适合熟吃，还可以制成茶饮。

用途： 欧活血丹对代谢有强大的促进作用，是一种出类拔萃的可辅助治疗各种呼吸系统疾病的草药，无论是对黏膜炎、胸部不适，还是对肺部积痰、支气管炎或支气管哮喘都有作用。欧活血丹有助于减轻神经衰弱、刺激泌尿，也有助于治疗胃肠功能紊乱。欧活血丹含有的苦味物质对肝脏和胆囊疾病也有效果。另外，欧活血丹亦可以外用，能做成清洗剂和漱口水。

洋甘菊（纯）

拉丁学名： *Matricaria chamomilla*

科：菊科

栖身地： 可以通过中空的花头来识别洋甘菊。洋甘菊喜与谷物（小麦、黑麦和大麦等）一起生长，甚至在休耕田地和路边贫瘠的土壤中也能欣欣向荣地生长。

用途： 纯正的洋甘菊是负有盛名的药用植物。治疗肠胃疾病时，用洋甘菊制成的茶有镇静、镇痛的作用。洋甘菊具有抗炎、镇痛、镇静、止抽搐和净化血液的功能。例如，在月经疼痛时，可利用洋甘菊做草药盆浴来缓解痛苦。

大拌菜 按照《我的小鸭子》（Alle meine Entlein）的曲调来哼唱：什锦花草青，放进沙拉里，放进沙拉里。叶子、花朵和根茎，统统拌入菠菜缨。

欧洲龙芽草

拉丁学名：*Agrimonia eupatoria*

科：蔷薇科

栖身地：欧洲龙芽草遍布整个欧洲，素喜长在路旁、阳光普照的耕地里和森林边缘地带。

食用方法：欧洲龙芽草泡成的早餐茶和冰茶味道奇妙清新。茶泡得时间越长，其深厚的红色便越发耀眼。

用途：欧洲龙芽草可作为百灵丹使用。例如，既可以涂抹在感染的皮肤上，也可以作为漱口水辅助治疗口腔炎和咽喉炎，而且有助于减轻腹泻。除此以外，欧洲龙芽草还能促进新陈代谢。

啊，精神大振！ 迷迭香可消除身体的疲倦，胡椒薄荷可以使呼吸系统通畅，日本鬼灯檠能促进大脑的血液循环。

胡椒薄荷

拉丁学名：*Mentha piperita*

科：唇形科

食用方法：薄荷有许多种类，全都适合泡茶饮用。

用途：胡椒薄荷可帮助消化，还有振奋精神和清新头脑的作用：把数滴由薄荷制成的精油滴入熏香灯，会帮助呼吸变得通畅。此法对辅助治疗感冒非常有效，人会立刻感觉头脑清醒许多。胡椒薄荷可促进血液循环，缓解痉挛并止痛。青春期少年要**小心使用，**因为胡椒薄荷具有兴奋作用。

迷迭香

拉丁学名：*Rosmarinus officinalis*

科：唇形科

栖身地：在整个地中海地区，迷迭香生长在避风且向阳的地方；而在欧洲，其被种植在花盆和园地里。迷迭香对霜冻非常敏感。

食用方法：用迷迭香烹调肉类，如羊肉、家禽和兔肉等，可以使食物更加美味。迷迭香也经常用于烹调鱼和蔬菜，特别是马铃薯（在烤炉中烤制）。如果你的园地里种有迷迭香，也可以在烧烤时放上几根调味。

用途：迷迭香能促进血液循环，消除痉挛，并能提神醒脑，改善消化问题。可以把迷迭香放进浴盆中，做一个提神而舒适的养生浴。

日本鬼灯檠

拉丁学名：*Centaurium erythraea*

科：龙胆科

栖身地：日本鬼灯檠喜欢石灰质、黏土质和相当潮湿的土壤。一般生长在林间草坪和空地上，有些在沼泽地里也长得十分茂盛。

用途：日本鬼灯檠主要对肝、胆有作用，对胃病也有一定辅助治疗作用。如同所有苦味草药一样，日本鬼灯檠有助消化的作用，可抑制食物的发酵，降低进食后的饱腹感。“健胃苦味酒”中含有的许多苦味物质就包含了日本鬼灯檠。为了中和苦味，喝的时候可以加入蜂蜜。另外，日本鬼灯檠还能促进脑血管血液循环，有兴奋大脑的作用——活跃因思虑过度而导致麻木的大脑。注意，日本鬼灯檠是受保护的植物。

欧当归

欧当归有强身健体和提神醒脑的作用，所以它的用途广泛，非常受欢迎：既可放在汤和酱汁中，也可放在肉类和蔬菜中。在第60页可以找到更多有关欧当归的内容。

为迷迭香搭起围栏，
才属于我，才属于你。
不然羊羔就来吃个精光，
无论粗野的白羊，
还是老实的黑羊。

艾德桃尔特是我的新娘，
她说日本鬼灯檠最芳香！

口香糖和茶含在口，
能缓解咳嗽和腹疼。
繁殖广泛易护理，
四海为家摇曳风。

博古通今农家俗语

绵羊带上小草帽，
夏日洋葱花枝俏。

鼠尾草下躺小狗，
祝你健康七十秋。

芫荽种在庭院里，
我们永远在一起。

如果老鼠不睡觉，
请它饮茶加缬草。

精神紧张意志冷，
放松心情吃香蜂。

哪些花朵和叶子属于同一种植物？

花序

花在梗上依固定方式排列的状态被称为花序，花序是重要的植物鉴别特征之一。

称谓 | 名称

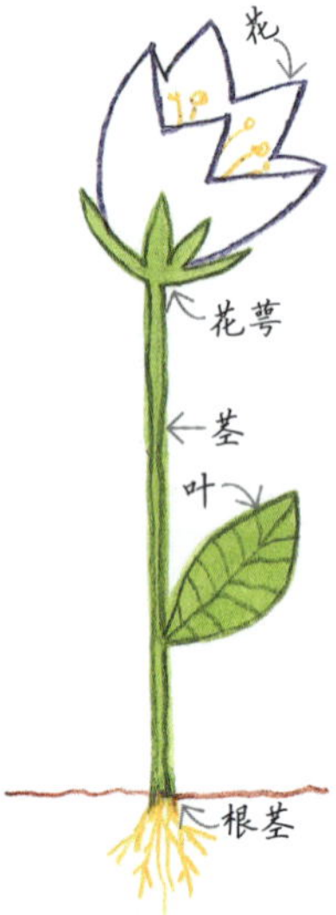

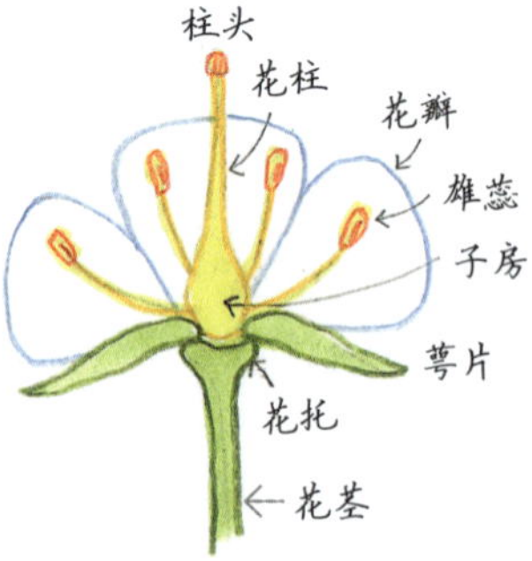

花瓣有以下各种形状：

画谜　这是什么植物?

谜底（顺序为从左上角到右下角）：1. 毛蕊花 | 2. 催吐白前 | 3. 假升麻 | 4. 曼陀罗 | 5. 心叶球兰 | 6. 月见草 | 7. 雏菊 | 8. 香蓍草

什锦香草面包

许多香草（如细香葱、旱金莲、雏菊、鼠尾草、罗勒和百里香等）的花朵都能食用。把这些花朵夹在奶油面包或自己烤制的新鲜面包中，会为你带来春天的清新气息。细香葱拌香草花朵的味道也十分鲜美。

面包改良版

在什锦香花面包上撒上旱金莲叶丝，再摆上一朵旱金莲花，也会别具一格。

什锦香花面包

在面包片上涂一层奶油；积攒细香葱、旱金莲、雏菊、鼠尾草和百里香的花朵，将花朵切细，撒在面包片上

把面包切成3厘米的宽条，按口味撒上一些盐。在每块面包上摆一朵旱金莲花便大功告成

面包用到的辛香料

制作面包时用的3种传统辛香料——茴芹、茴香和葛缕子，不仅有助于人体消化面包，还能帮助缓解食用烤制食品造成的腹胀。

茴芹

拉丁学名：*Pimpinella anisum*

科：伞形科

栖身地：茴芹原生于近东地区，现在遍及整个地中海地区。

食用方法：人们通常用3~5毫米长的干燥茴芹子来增加面包和蛋糕的香味，如用来做圣诞糕饼（茴芹香片和茴芹饼干）。在印度，会用茴芹来做咖喱；在孟加拉则用茴芹烹调蔬菜和鱼鲜。茴芹子有杀菌作用，所以经常用于饭后嚼食。

用途：茴芹可以增强胃的功能，帮助消化。患有咳嗽时，茴芹还可以化痰。

茴香

拉丁学名：*Foeniculum vulgare*

科：伞形科

栖身地：茴香原生于地中海地区，如今已普遍种植在欧洲菜园。从香料茴香中可以收获茴香子，而其他种类的茴香可以当蔬菜（茴香菜）来食用。

食用方法：茴香十分受人喜爱，既能为面包、蛋糕提味，又能放在汤和调味汁中做腌料和鱼虾菜肴。此外，制药工业和食品工业也需要用到茴香油（用茴香子提炼），如制作止咳糖果。

用途：茴香刺激食欲，可帮助减轻咳嗽，缓解腹胀。由于具有缓解痉挛的作用，茴香也有助于缓解幼儿肠胃绞痛。

葛缕子

拉丁学名：*Carum carvi*

科：伞形科

食用方法： 放入马铃薯菜肴中，可烹制盐水马铃薯。在烹制传统的烤猪肉时，葛缕子是必不可少的作料。在煮汤和烤面包的时候，也不要忘记添加葛缕子。

用途： 葛缕子可缓解痉挛，促进消化，但有胀气的副作用。葛缕子还可应用在妇科方面：如同茴香和莳萝一样，葛缕子可促进产后母乳的分泌。

古老的民间俗语：

吃下葛缕子面包和菖蒲棒，

最笨的小伙子也强壮！

最简单的杂粮面包

你只需准备如下食材： 250克黑麦粉 | 250克小麦粉或斯卑尔脱小麦粉 | 1小包酵母 | 1/2~1茶匙盐 | 茴芹、茴香、葛缕子和糖各1/2茶匙 | 3/8升温水。制作方法如右图所示。

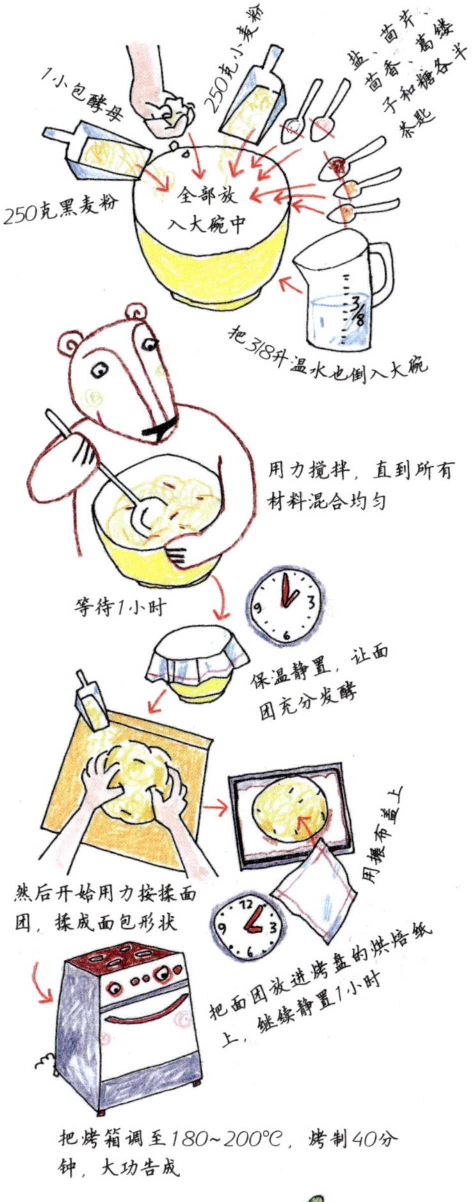

面包作料中有我的身影，
我的味道辛香扑鼻。
早年人们都相信——在夕阳红时，
我能辟邪驱魔，多么神奇！

熊葱　拉丁学名：*Allium ursinum*　科：百合科

食用方法： 熊葱是春季成熟最早的新鲜香草植物。熊葱的食用方法多种多样，如拌菠菜、制作熊葱玉棋（意大利面食），或者做成熊葱青酱汁。

用途： 熊葱有利尿、帮助消化的功效，还有很强的消毒作用。

注意： 千万不要把熊葱叶子与有毒的铃兰及秋水仙搞混。熊葱常常与雪钟花生长在相同地点——雪钟花的叶片也有毒性，一定要分清楚。

采摘注意事项： 如果用手指搓叶片闻不到大蒜的味道，则可以确定那不是熊葱叶。

落叶林地里，潮湿又阴暗。
无数我同伴，茵茵簇团团。
花开在五月，白色星点点。
闻着大蒜味，相隔八丈远。

熊葱青酱汁

你需要准备如下食材： 100克熊葱｜3汤匙磨碎的核桃仁｜3汤匙磨碎的帕尔玛奶酪｜1/8升橄榄油

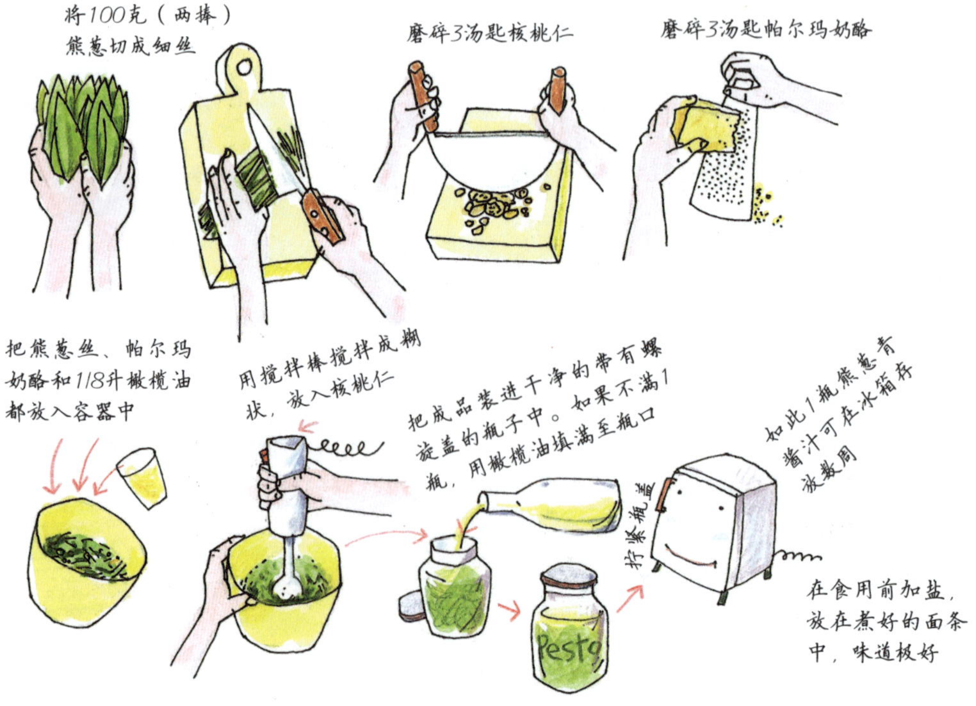

熊葱名字的由来

据说，古代德国人除了喜欢躺在熊皮上以外，不做任何事情。这些百无聊赖的德国人发现：在漫长的冬眠之后，许多小熊都喜欢吃一种蒜味冲鼻的野草。吃了那种野草之后，小熊个个都显得生猛健康。大家不禁高兴地想：太好啦！很快就会得到许多完美的大熊皮！

从此以后，德国人就称这种野草为“熊葱”，还在烧烤熊肉时也配上熊葱（不确定古人是把熊葱当成蔬菜沙拉食用，还是做成青酱汁）。

自那时起，数百年来人们都对熊葱格外喜爱，一直延续至今。大家通过不断互相交流心得，创造出无数熊葱菜谱，写入烹饪书籍，或者发表在互联网上。

但是，千万要小心，熊葱极易与有毒的铃兰、秋水仙和雪钟花混淆。如果把熊葱与上述毒草一起采摘回家，做成的青酱汁会毁掉你的面条大餐的。

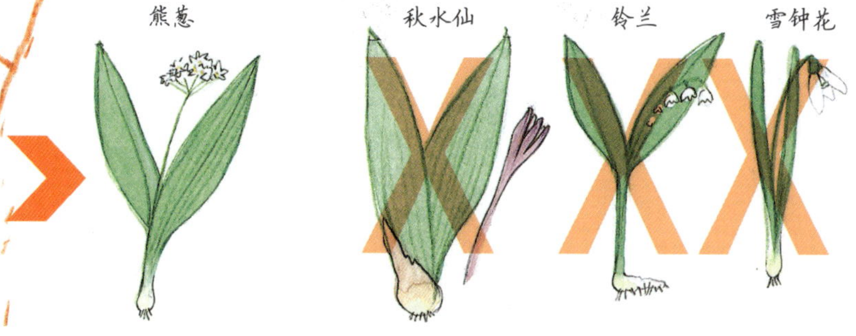

口渴的感觉提醒身体，我们应该经常补充水分，最好是喝清水。因为有液体，细胞才能移动，才能游来游去。身体吸收了足够的水分，我们才可以像体内的细胞一样行动自如。

冰茶及其他清凉饮料

自己动手做冰茶？没有比这个更容易的事了。你既可以从花园里采集一大把新鲜香草制作，也可以去买野生香草来制作。超级美味的冰茶香草有欧洲龙芽草、香蜂草和金盏花。

制作方法如下：先泡一壶茶，待茶放凉，置入冰箱内；然后在饮用前，向每个杯子里放入数枚叶片和花朵冰块即可。

吸血鬼冰茶

在玻璃罐中，撒入一捧半欧洲龙芽草。用热水冲泡后，浸泡放凉；稍后，茶水会变得像血水一样红。

清凉树莓

把树莓浓缩果汁兑凉水放入玻璃罐中。在饮用前，把兑匀的果汁倒入装有半杯树莓冰块的杯中。

叶子和花朵冰块

完美的冰茶需要用到包含可食用叶子的冰块，或者带有各式花朵和梅子的花式冰块。制作冰块需要一台带冷冻室的冰箱，或者冰柜。

如何轻松地自己动手制作花式冰块，具体操作步骤如下：

威廉·豪夫的童话——

大鼻子

很久以前，在一个大都市里住着一对鞋匠夫妇，他们艰难地过着日子。白天，鞋匠坐在街角时而缝补鞋子，时而制作新鞋。他很穷，没有存货，每天必须先去买皮革材料才能开工。他的妻子是小贩，售卖从门前小园子里收获的蔬菜和水果。很多人都喜欢买她的货，因为她不仅衣着整齐干净，而且把售卖的蔬果也收拾得清清爽爽，赏心悦目。

鞋匠夫妇俩有一个12岁的男孩，身材高大，面貌英俊。他每天不是坐在菜市场，就是帮女顾客和厨师搬运从他妈妈那里买到的蔬果。男孩帮顾客运送蔬果鲜有空手而归的时候，不是拿回美丽的鲜花，就是一两个钱币，或者一块蛋糕，大家都喜欢打赏他。让如此招人喜爱的男孩送货到家，谁都出手很大方。

有一天，鞋匠妻子如同往日一样来到菜市场叫卖蔬果。她面前的几个小筐中放着卷心菜和其他蔬菜，以及各种香草和种子，还有早梨、苹果和杏子。小雅各布（男孩的名字）坐在妈妈身旁，用清脆的嗓音大声招揽着生意：“嘿，快瞧瞧，这位先生您看多好的卷心菜呀！香草闻着多香呀！早梨子呀！这位太太快来瞧瞧早苹果和大杏子！谁来买呀？我妈妈给您便宜些！”

男孩一直叫卖着，突然看见一位老婆婆进了菜市场。她衣衫褴褛，脸颊又小又尖，上面布满了皱纹。她的眼睛红得冒血，尖尖的弯钩鼻子很长，几乎要戳着膝盖骨了。老婆婆拄着一根长拐棍，一瘸一拐地走着，跌

小矮人

跌撞撞。谁也形容不出她是怎么走路的，似乎老婆婆脚下踩着一个独轮，顷刻间就会向前跌倒，她那尖钩鼻子随时都有可能撞到石块铺成的路面上。

鞋匠的妻子仔细打量着这个老婆婆。16年来，她每天都待在菜市场里，可从来不记得见过这个奇怪的身影。看到老婆婆走到自己摊位前站住，她吓得不由自主地张大了嘴巴。

老婆婆一边用嘶哑难听的嗓音问："您是叫汉尼的卖菜大嫂吗？"一边不停地把头来回摇晃。"是的，我就是！"鞋匠的妻子赶紧回答，并殷勤地问："您看上哪种菜啦？""只是瞧瞧，瞧瞧嘛！瞧瞧香草，瞧瞧香草！瞅瞅有没有我需要的！"老婆婆絮絮叨叨地回答。她朝菜筐弯下腰，把丑陋的双手伸进筐中，抓起那些精心摊开的漂亮的细嫩香草。老婆婆用蜘蛛一样的长手指把香草一根一根举到长鼻子前闻了又闻。

看到老婆婆那么粗鲁地对待珍贵的香草，鞋匠妻子痛惜得心都碎了；但是她不敢阻止，因为顾客有对货物进行检验的权利，而且面前的老婆婆又那么怪异恐怖。老婆婆翻腾完整个筐子后，唠叨说："什么东西！破烂草头子，没有一味我想买的。50年前多好呀，现在只有坏东西，破烂货色！"

这么难听的唠叨惹恼了小雅各布。"听着！"小雅各布愤怒地嚷道："首先，你那肮脏的手指在美丽的香草里乱翻，把香草都挤压在一起；然后你还把香草全举到你的长鼻子下面闻！搞成那样，谁还愿意来买？现在你还污蔑我们的货物不好！公爵大人和厨师都是来我们这里买菜的！"

老婆婆斜眼瞧着勇敢的男孩，阴阳怪气地笑笑，沙哑着嗓子说："小崽子，小崽子！你喜欢我的鼻子，我漂亮的长鼻子？你要是喜欢，脸中央也会长一个这样的鼻子，一直伸到下巴才好。"她边说着边把手探进另一个筐中，里面装着卷心菜。老婆婆抓出一颗最漂亮的卷心菜头，用手使劲按压，直到菜头咔嚓作响，然后把菜头随便往菜筐里一扔。不但这样，她还摇着头嘟囔："破烂货，烂菜头！"

请在28页继续阅读。

“越**新鲜**越好”是一个言简意赅的质量准则，适用范围包括香草、水果和蔬菜。对某些香草而言，新鲜（原生）与否尤其重要，这些植物包括莳萝、龙蒿、峨参、独荇菜、欧香芹和火葱。

莳萝

拉丁学名： ***Anethum graveolens***

科：伞形科

栖身地：莳萝原先是生长在南欧的野生植物，如今种植范围遍及全世界。通过播种种植。

食用方法：可作为调味作料，用来拌黄瓜沙拉、腌黄瓜、烹调马铃薯菜肴和煮调味汁。

用途：用莳萝种子制成的茶是家用偏方，建议用来辅助治疗失眠症，也可刺激食欲。由于莳萝有缓解痉挛的功效，如果婴幼儿发生肠绞痛和胀气，可以适当喝一些莳萝茶水。

龙蒿

拉丁学名： ***Artemisia dracunculus***

科：菊科

栖身地：在欧洲南部的许多地方生长着野生龙蒿，而在西欧，龙蒿一般长在菜园或家中的花园里。龙蒿喜欢松散的土壤和充足的阳光，最不喜欢的是根部长期受到水淹。

食用方法：可与其他香草混合，烹调鸡蛋菜肴、香草奶油和沙拉。

用途：龙蒿茶可刺激食欲，帮助消化，兼有利尿作用。

自制龙蒿醋

需要准备以下食材：1/2升苹果醋｜2枝龙蒿或其他香草

新鲜

（菜园）峨参

拉丁学名： ***Anthriscus sylvestris***

科：伞形科

栖身地： 峨参来自西亚和南欧地区。在西欧，除了会在菜园种植，鲜少有野生峨参生长。峨参喜欢阳光充足的地方。

食用方法： 一般会把峨参放在汤羹中提味，如烹制峨参奶油汤、马铃薯汤、蘑菇汤或番茄汤。注意：不要把峨参煮在汤羹中，以免破坏其风味。最好等到煮好汤羹后再放入峨参，或把峨参撒在汤羹表面。

用途： 峨参有净化血液和利尿解毒的功效。

火葱

拉丁学名： ***Allium ascalonicum***

科：百合科

栖身地： 在整个欧洲、中亚和北美洲都可以种植火葱，在潮湿的沙质土壤处还能找到野生火葱。

食用方法： 在烹调汤羹、沙拉和鸡蛋菜肴时都可以放入火葱提味。将剁细的火葱夹在奶油面包中，味道也很美妙。

用途： 火葱有刺激食欲、促进消化、净化血液的功效。所有葱类植物都含有的芥子油有防腐作用，可用来消毒。

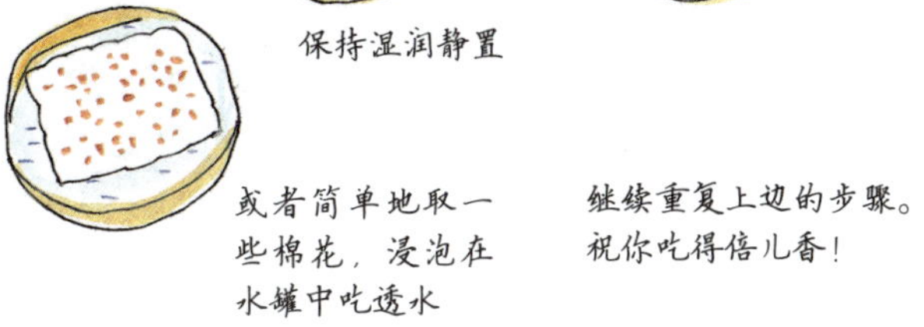

种植独荇菜

独荇菜生长得十分快，适合生吃。把独荇菜放入沙拉、汤羹和奶油面包中，吃起来都十分美味。

“别那么使劲摇头，来回转得像拨浪鼓似的！”小雅各布焦急地喊道：“你的脖子细得像个白菜梗，看着马上就要折断了，那样一来，你的头就会掉进筐里！谁还会来买我们的菜！”

“看我的细脖子不顺眼吗？”老婆婆冷笑着嘀咕：“难道应当没有脖子？那样的话，头必须插进肩膀里，才不会从身体上掉下去！”

“别和小孩子一般见识，唠叨那些没用的话！”对这种一个劲地查看、翻腾和嗅闻的顾客，鞋匠妻子终于忍不住了：“如果您想买东西，就请赶紧买，别妨碍了其他顾客。”

“嗯，好。”老婆婆眼神严厉地说，“我想买6个卷心菜头。但是你看，我的手必须拄拐棍，不能提任何东西。让你儿子帮我把货物送回家，我会犒赏他。”

小雅各布不想去，哭了起来。他害怕这个人，但是妈妈坚持让他去帮忙。好心肠的妈妈认为，让这么老弱的女人独自拿这么重的货物是一种罪过。小雅各布忍泪遵循妈妈的吩咐，把卷心菜收集在筐里，用布包袱裹住，跟着老婆婆走出菜市场。

老婆婆走路很慢，花了近一个小时，两人才到达一个非常偏远且寂静的地区，最后终于在一座又小又破的房子前停住脚步。老婆婆从口袋里掏出一个旧的生锈的铁钩子，麻利地伸进门上的一个小孔中，大门伴着隆隆巨响，一下子打开了。迈步进了大门，小雅各布惊讶地张大了嘴！房子内部装饰得奢华无比：天花板和墙壁全是大理石的，门窗雕栏用的是最华丽的黑檀木，镶着黄金和大理石，地面是玻璃的，光滑得让雅各布连连打滑，摔了好几个跟头。老婆婆这时又从口袋里掏出一个小银哨子，吹了一声。随着刺耳的哨音在房子里啸叫回旋，霎时从楼梯上跑下来几只豚鼠。最让小雅各布惊奇的是，豚鼠是用两条腿直立行走的，脚上穿着坚果壳鞋，身上穿着和人一样的衣服，头上还带着最新款的帽子。“你们这些小坏蛋，把我的拖鞋弄到哪里去了？”老婆婆边喊叫边用拐棍击打豚鼠，打得豚鼠上蹿下跳，“还要让我在这里站多久？”

豚鼠迅速跳上楼梯，带回来一对有皮革衬里的椰子壳，灵巧地给老婆婆套在脚上。眨眼间，老婆婆就不跛不拐了。她抛开拐棍，抓起小雅各布的手，迅速地在玻璃地板上滑行起来，滑到最后，在一间屋子里停了下来。这间屋子的装饰非常繁华，让人眼花缭乱。乍看去，屋子类似一间厨房，但是摆设的桃花心木桌子和盖着豪华毯子的沙发更像一间客厅。“坐下，小家伙！”老婆婆显得异常亲切，推着小雅各布在沙发的一角坐下。小雅各布落座的前方恰好横着一张大桌子，阻挡了他的

去路。“坐下，你搬运了相当沉的东西。人头可不轻，不是那么容易搬运的。”

“婆婆，你怎么说这么奇怪的话？”小雅各布不禁叫道：“我是有些累了，但是我搬运的是卷心菜！是你从我妈妈那里买的。”“哦，你搞错了！”老婆婆哈哈大笑起来，打开包袱，用手攥着头发，提出一个人头。

小雅各布吓得灵魂差点出窍，简直不敢相信这一切是如何发生的。但是他马上想到了他的妈妈。小雅各布默默地在心里想，如果有人知道妈妈卖的是这些人头，肯定会控告我妈妈。

“现在我要犒赏你，难得你这么乖巧！”老婆婆喃喃自语，“你再耐心等一下，我给你熬个汤，尝过以后，你一辈子也忘不了。”她说完再次吹了一声哨子，随即跑来一群由人类打扮的豚鼠，系着围裙，腰带上插着搅勺和切肉刀。豚鼠后面跟着许多蹦蹦跳跳的松鼠，它们穿着土耳其宽腿长裤。松鼠也直立行走，头上戴着天鹅绒的绿色小帽。这拨松鼠大概属于厨房伙计，它们迅速爬上墙壁，取下锅碗瓢盆，取下鸡蛋、黄油、香草和面粉，再把一切搬运到灶台上。接着，穿着椰子壳拖鞋的老婆婆就在灶台前，来回穿梭忙碌起来。小雅各布看到她真的在专心致志地在为自己煮好吃的。只见火苗噼啪升腾越烧越旺，锅里香气弥漫，噼啪作响，厨房里充满令人愉快的香味。老婆婆跑上跑下，松鼠和豚鼠亦步亦趋地跟在她身后。她一次又一次经过炉灶，把她的长鼻子伸进锅里闻了又闻。待听到锅里发出噗噗起泡的声音，袅袅蒸汽升腾飘在锅上，翻滚的泡沫流下淌在火里，老婆婆才把锅端起来，把汤倒进一个银碗里，放在小雅各布的面前。

“好啦，小家伙，喝吧！”老婆婆说：“只要喝完这碗汤，你就会喜欢我的一切！如果你将来想学一门手艺，应当做个高级的厨师。但是，这种香草，不，你再也不会找到这种香草啦！为什么你妈妈的香草篮子里没有它呢？”小雅各布根本不明白她在说什么，他的全部精神都被汤吸引住了。妈妈时常给他烹调美味的食物，但是都不如这碗汤好喝。

请在34页继续阅读。

话说叶缘

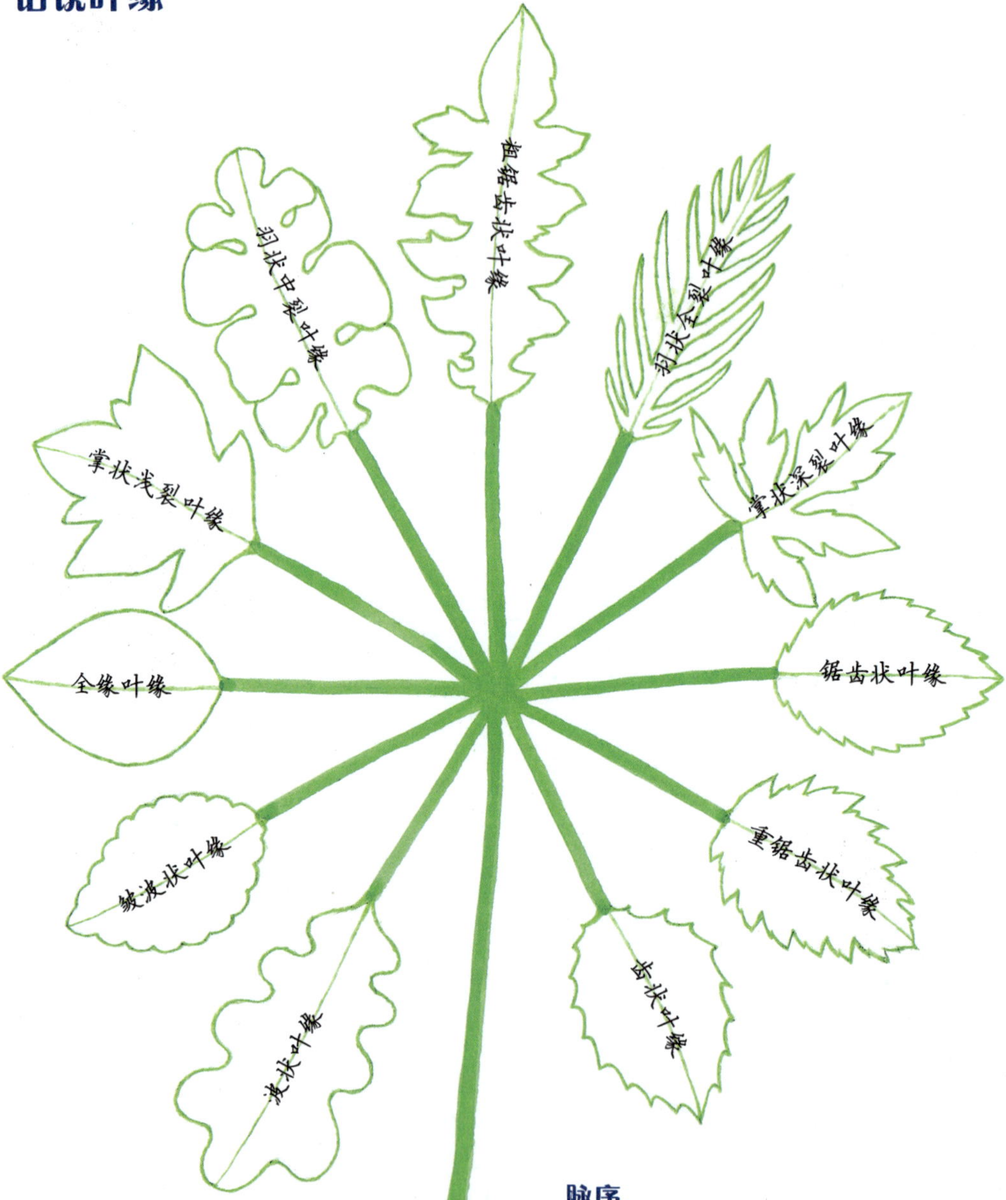
粗锯齿状叶缘
羽状中裂叶缘
羽状全裂叶缘
掌状浅裂叶缘
掌状深裂叶缘
全缘叶缘
锯齿状叶缘
皱波状叶缘
重锯齿状叶缘
波状叶缘
齿状叶缘

脉序

羽状脉
网状脉
平行脉

话说叶形

叶片有单一形状的，也有像羽毛状那样的复杂形状的。

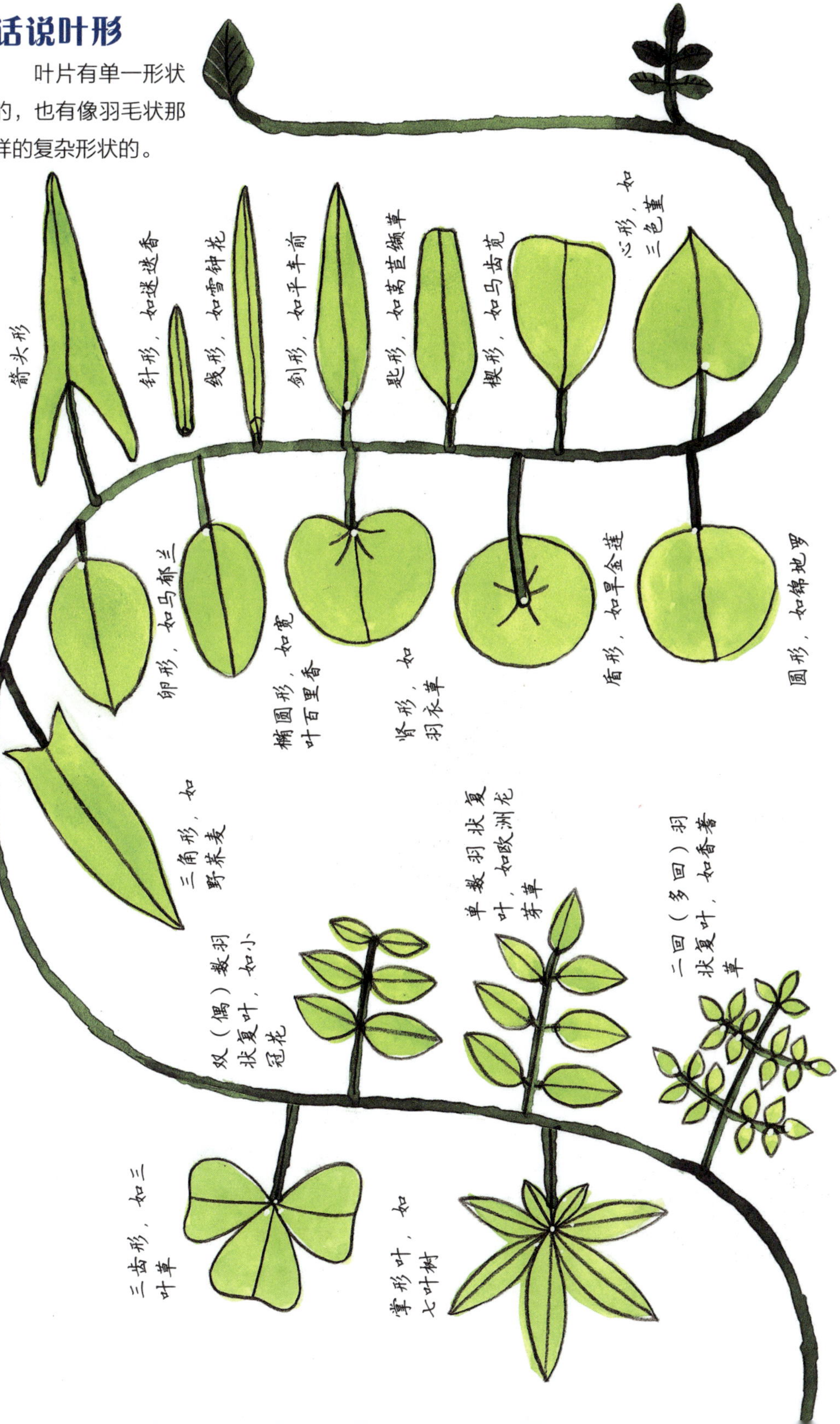

有助安眠的香草 喝一杯加入蜂蜜的甜甜的缬草茶后，再洗个痛快的薰衣草浴，一定能在夜里睡个好觉！一杯香蜂草茶会让身体感觉轻松而温暖，如果再与雏菊混合饮用，次日一定精神饱满。有时只需要一个热水袋，或一只毛绒狮子莱奥的陪伴，就能睡得又香又甜。

缬草

拉丁学名：*Valeriana officinalis*

科：败酱科

栖身地：缬草生长在灌木丛和草坪中，也能在海拔较高处成活，踪迹遍及整个欧洲。缬草长有根茎，茎秆较高，花的颜色介于粉红色和浅紫红色之间。

用途：用缬草制成的酊剂，可辅助治疗神经紊乱、精神衰弱、神经过度疲劳和失眠等问题。

缬草对猫有不可抗拒的吸引力，种植时一定要围上篱笆！

有时只需要一个热水袋，就能助你入睡

香蜂草

拉丁学名：*Melissa officinalis*

科：唇形科

栖身地：香蜂草的原生地是地中海地区，现在也能在欧洲种植。香蜂草喜欢生长在阳光充足、背风而土壤不太干燥的地方。

食用方法：香蜂草常被用作沙拉、野味和混合香草调味汁的调味作料。由于香蜂草有柠檬般的清香味道，因此制作成香蜂草茶也非常好喝。

用途：香蜂草有助于消除疲劳和虚弱感的作用，还可刺激食欲。

套用儿歌“哦，亲爱的奥古斯丁”的曲调

哦，亲爱的缬草，缬草，缬草。
哦，亲爱的缬草，万事白搭白。
睡意溜开，猫咪溜开，
小狗吃掉烟熏肉。
哦，亲爱的缬草，万事白搭白。

晚安

薰衣草

拉丁学名：*Lavandula angustifolia*

科：唇形科

用途：把薰衣草放入睡枕中，有放松和镇静的功能。往澡盆里滴几滴薰衣草精油或由薰衣草制成的浓缩煎剂，也可以起到很好的放松作用。在55页可以获取更多关于薰衣草用途的信息。

食用方法：可以用薰衣草花朵做一道精美的甜品——薰衣草酸奶，加一些蜂蜜味道会更好。下面附有可供参照的做法。

薰衣草酸奶

需要准备如下食材：

1盒乳脂状酸奶；

2汤匙蜂蜜；

2汤匙磨碎的核桃仁；

1汤匙薰衣草花朵。

取一些薰衣草枝条，装入布口袋中，用细带子扎紧封口，可制成一个小熏香包。

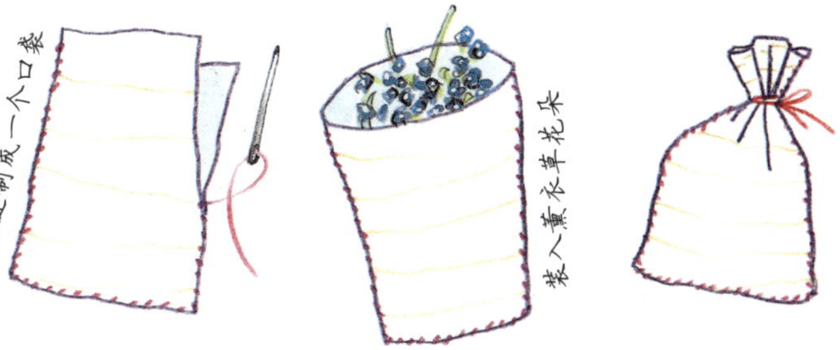

香草和香料的幽香从汤里飘出，汤的味道甜甜酸酸的恰到好处。小雅各布刚喝完最后一滴美味，豚鼠就点燃了阿拉伯檀香，蓝色的烟云在房间里飘荡。烟云越来越浓，慢慢向下袭来，檀香的气味让小雅各布麻木起来。他虽然一次又一次警告自己，应该回到妈妈身边去了，但是，他刚打起精神，就又重新陷入朦胧之中，直到最后沉睡在老婆婆的沙发上。

小雅各布坠入了奇怪的梦境中。他感到老婆婆把自己的衣服脱掉，给自己套上了一件松鼠毛皮。随即自己竟可以像松鼠一样跳跃和攀爬了。

从这时起，可怜的小雅各布开始与乖巧而彬彬有礼的松鼠和豚鼠为伍，给老婆婆做仆人。起初，他只是个专门给老婆婆擦鞋的仆人，负责把她的椰壳拖鞋涂上油，用力擦抹，直到拖鞋变得锃光瓦亮为止。由于经常帮父亲做同样的工作，他的手擦起鞋来灵活自如。

小雅各布继续做着梦。大约一年以后，小雅各布才被派遣做更细致的差事：与其他松鼠一起收集阳光粒子。松鼠们在积攒够了太阳光粒子后，把粒子用最细密的头发丝筛子过滤。老婆婆认为，太阳粒子是最好的食用面粉。她牙齿掉光了，无法咀嚼，所以让松鼠用阳光粒子做面包，供自己享用。

又过了一年，小雅各布被转派去做新活计，成为收集老婆婆饮用水的仆人。不要以为，收集雨水就是挖个蓄水池，或是在院子里放个大桶。老婆婆享用的水当然要奢华许多。松鼠和小雅各布要用榛子壳碗去汲取玫瑰上的露水，这才是老婆婆的饮用水。因为她喝水极多，所以供水仆人的差事很辛苦。

又过了一年，雅各布被任命为宅子的内务仆人，责任是清洁地板。由于地板是玻璃制的，一丝一毫的污迹都躲不过检视，因此清洁的工作量相当大。仆人必须把刷子和旧毛巾绑在脚下，在宅子里四处溜滑并用人力抛光。经过这样的4年，雅各布终于进入了厨房。

这是无比光荣的职位，只有经过漫长的审查才能得到。雅各布从厨房下手做起，一直晋升为馅饼首席厨师，此时他掌握了厨房全部的经验和绝技，不时也为自己的高超本领而惊异。不管是最困难的食物（包含两百种食材的馅饼），还是用尽世上各种香草熬成的香草汤，雅各布都勤学苦练，学而不厌，而且迅速掌握，做事尽心尽力。

时间一晃，雅各布已经在老婆婆家做了7年仆人。有一天，老婆婆脱下椰子壳鞋，一边挎篮子，拿拐棍出门，一边吩咐雅各布取鸡拔毛，把香草填入鸡肚子中，在她返回之前，把鸡烤成漂亮的棕黄色。雅各布动作娴熟，得心应手。只见他一把扭断鸡脖子，抛进热水中烫烫，随即三两下拔掉鸡毛，用刀将鸡皮刮刮，眨眼间他已经把鸡收拾得皮光肉净了。掏出鸡内脏后，雅各布开始甄选填鸡腹的香草。在香草储藏间，他发现了一个从没见过的柜橱，半敞着柜门。出于好奇心，雅各布凑上前去，想知道柜里装着什么。他定睛一看，柜里放着许多篮子，散发出浓烈的香气。打开一个篮子，他看到一种形状和颜色独特的香草。香草的茎叶蓝中透绿，顶上开着火红的、镶黄边的小花。他端详着小花，深深嗅闻着香草的芳香。这是一种似曾相识的香气，四溢的幽香恰如老婆婆之前给他熬煮的那一碗汤。气味浓郁强烈，让雅各布开始打喷嚏。他的喷嚏越打越猛烈，最后，他在一个大喷嚏中猛然醒过来。

雅各布躺在老婆婆的沙发上，惊讶地扫视着四周。“不可思议，怎么可以梦见如此生动的梦境！”他不禁自言自语，“怎样才能让大家相信我曾经变成了松鼠，与豚鼠和其他动物为伍，最后成为一个伟大的厨师？如果我讲出这一切，妈妈一定会笑痛肚子！但是，妈妈不会责怪我吧？竟然在陌生人家睡大觉，而不在市场上帮她做生意！”想到此，雅各布振作精神，起身向屋外走去。然而，刚苏醒的身体还僵硬着，尤其是脖子，而且他的头也无法灵活上下摆动。

竟然如此睡意沉沉，雅各布不禁觉得自己好笑。在自己做出反应之前，他的鼻子不是撞到橱柜就是碰到墙，如果他想迅速转身，鼻子也会打到门框。跨过大门槛，松鼠和豚鼠簇拥在雅各布身边哼哼唧唧，好像舍不得与他分别。雅各布也诚心邀请小动物一起去做伴，它们是一群可爱的小动物。但是，脚穿坚果壳鞋的松鼠和豚鼠随即快速返回房内。片刻之后，只能听到小动物在远处的哀哀叫声了。

请在40页继续阅读。

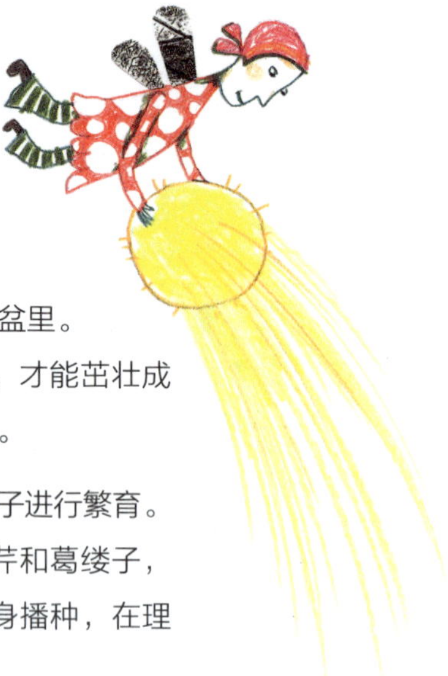

许多香草适合种植在菜畦上、花园中或窗台上的花盆里。

无论如何，香草只有种在户外，享受新鲜的空气，才能茁壮成长。一般，植物有两种繁殖方式：有性繁殖和无性繁殖。

有性繁殖意味着，经过多代，可利用植物的种子进行繁育。有性繁殖的香草既有一年生的也有两年生的，如欧香芹和葛缕子，金盏花和毛蕊花。在大自然中，这些香草依赖种子自身播种，在理想的条件下，其传播能力相当强。

无性繁殖意味着，用母体植物的一部分进行繁育。无性繁殖的植物，既可以像草莓一样利用嫩枝芽繁殖，也可以像生姜一样利用根或根茎繁殖，还可以像火葱和马郁兰一样把整丛植物分株重新刺激生长。新种植的香草需勤浇水！在初种阶段，应该多给予一些护理，植物才能生长良好。

园地可以赠送给我们一切美食。有时候，需要我们付出耐心，去等待植物成熟；有时候，需要我们付出劳动，去播种和收获。

亲自动手跟着做：

把种子播撒在一个花盆里，切忌种子太多，以便给种子留出足够的生长空间。然后，用土覆盖在种子上，放在光线充足的地方，并保持湿润，直到种子开始发芽。

如果你想了解发芽过程，就不要把种子埋在土里，可以像下面这样观察豌豆和兵豆的详细发芽过程。

把种子放在玻璃水杯里进行培养，可以让你把一切都看得清清楚楚。

开心吗？

能改善情绪的植物

有两种欧洲本地香草，它们能像太阳驱散阴云一样，瞬间让我们恢复信心，精神百倍，从而让我们不落人后，赢得考试等。我们岂能错过如此神奇的香草，不妨用它来冲泡一杯开心茶吧。

在冬季，通常可饮用贯叶连翘茶。由于贯叶连翘会使皮肤对光线敏感，因此要在没有晒伤危险时使用。在夏季，幸福茶中冲泡的则是遍地开花的雏菊。

贯叶连翘

拉丁学名：*Hypericum perforatum*

科：藤黄科

栖身地：贯叶连翘生长在林间空地、森林边缘、阳光充足的荒原和草坪上。该植物对其生长土质的要求不苛刻，无论在原生石质还是石灰石质地表都可生长。

食用方法：用贯叶连翘的花朵和叶片制成的茶不仅味道好，而且外观也赏心悦目。

用途：贯叶连翘具有促进伤口愈合的功效，是流行的护理疤痕（油剂）植物。贯叶连翘还有提升情绪和净化血液的功能。此外，还可以把贯叶连翘制作成护肤品，适合干性皮肤使用。饮用由贯叶连翘制成的茶或果汁，可以改善代谢紊乱、头痛和偏头痛。

取一片贯叶连翘叶子，对着阳光去看，会看到许多小孔眼，这些就是所谓的油腺体。贯叶连翘的拉丁文是Perforatum，意思是“布满窟窿”。

雏菊

拉丁学名： ***Bellis perennis***

科：菊科

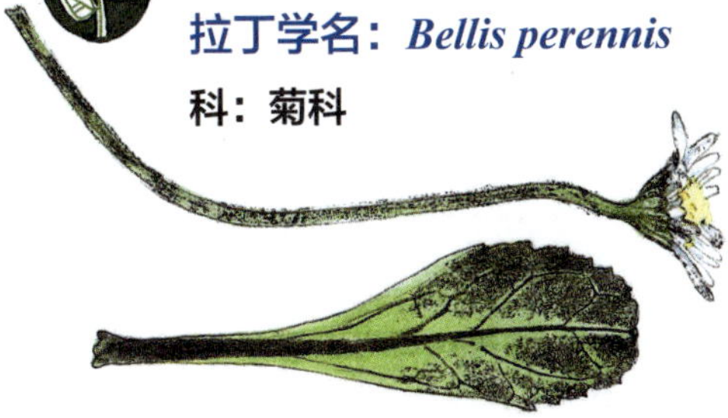

栖身地：所有草坪都适合雏菊生长。

食用方法：雏菊的花朵和叶片拌在沙拉中味道极佳。可食用的雏菊花朵可以装点美化沙拉和羹汤。用雏菊制成的茶，还可以作为改善心情的开心茶来饮用。

用途：雏菊是一种有效的辅助治疗创伤用品，有止痛、止抽搐和止血的功效。雏菊软膏可用于辅助治疗四肢疼痛、跌打损伤和皮肤疾病。雏菊还可促进新陈代谢。

雏菊沙拉 配水煮蛋

3大捧绿叶沙拉菜（绿包心生菜、橡树叶生菜和莴苣缬草沙拉等）| 1小捧雏菊花（花朵和蓓蕾）| 5个带新鲜绿缨的水红小萝卜 | 2根小葱或者半颗小洋葱 | 3汤匙食醋 | 3汤匙橄榄油或者葵花子油 | 1茶匙蜂蜜 | 盐 | 胡椒 | 2个煮硬的鸡蛋 | 3汤匙去壳葵花子

老婆婆带雅各布去的地方位于城市相当偏僻的地区，隐藏在一条条狭窄的街道中，雅各布很难找到方向。不仅如此，这里还挤满了人。雅各布猜测，大概附近出现了一个小矮人，因为他听见四周的人都在喧嚷：“嘿！那里有个丑陋的小矮人！”“这家伙从哪里来的？”“咦，他怎么有那么大一个鼻子？”“他的头怎么像直接插在肩膀里一样？”“快瞧，他的手多难看，是棕色的！”如果换个时间，雅各布也会去瞧热闹。在平日，他也喜欢追看巨人、小矮人，或者穿异族服装的陌生人。但眼下雅各布没有闲心，他要赶紧回家，赶紧找到妈妈。

雅各布终于来到菜市场，心里有些惶恐。妈妈仍然坐在那里，面前的篮子里还有许多水果。看来自己并没有睡多长时间。然而他从很远处就能看出妈妈似乎很伤心。她这时没有像往常一样叫卖，而是用手支撑着头。走得更近些时，雅各布还感觉到妈妈的脸比平常更苍白。他犹豫不决，不知道该怎么做才好。过了好一会，雅各布终于鼓起勇气，悄悄走向妈妈，亲昵地把手放到妈妈的胳膊上说：“好妈妈，你为什么不开心？是不是在生我的气？”

妈妈把身体转向雅各布，但是立刻惊叫着背过身去。“啊，你来我这里干什么？丑陋的小矮人！”她大声喊叫，“走开，走开！我欣赏不了这种丑陋的捉弄！”

“妈妈，你怎么啦？”雅各布十分惊讶地问，“你一定心情不好，为什么要赶走自己的儿子？”

“我不是说了，叫你离开我这里？”妈妈很凶地回答，“丑陋的小东西，你死心吧！我不会让骗子讨到一分钱！”

“这是真的吗？上帝把你的理智夺走了！”雅各布耐心地说，“亲爱的妈妈，我回到您这里来，会图什么吗？这不是很正常的事情吗？你仔细看看我，我是你儿子，是你的雅各布呀！”

“怎么会？你开的玩笑也太大了，简直太不要脸了！”妈妈大声对相邻的各个女摊主说，“你们瞧瞧，那个丑陋的矮子！他站在那里，驱走了我的所有顾客！还拿我的伤心事开玩笑，对我说什么，‘我是你的儿子，是你的雅各布！’这个不要脸的家伙！”

听到这里，所有的相邻女摊主都站起身来，开始极尽所能地斥责和辱骂雅各布（大家都知道，女小贩最通晓骂术）。7年前，有人偷走了鞋匠家像画像一样英俊的少年，怎么这个混蛋却拿可怜人家的不幸事情开玩笑呢？众女人纷纷摩拳擦掌，放狠话威胁，如果那个家伙不立刻走开，就一起痛打他一顿，把他抓挠得体无完肤。

倒霉的雅各布脑袋变得一片空白，完全不明白这是怎么回事。他只记得今早像往日一样跟随妈妈来到市场，帮妈妈摆放好水果，然后去了老婆婆家里，喝了一小碗汤，睡了一小会觉。现在一回来，妈妈和其他人竟然说什么7年以前！说什么可恨的小矮人！大家怎么会这样对待自己？看到妈妈根本不想听自己的话，雅各布眼里含满泪水。他走出市场，来到大街上，向爸爸往常缝补鞋子的地方奔去。“我倒要看看，”雅各布暗暗想着，“是不是爸爸也不想认我了！我要站在爸爸眼前，让他看清楚，跟他讲明白。”

终于来到修鞋摊前，雅各布站在门口，朝里望去。修鞋匠正在聚精会神地干活，根本没有抬头看一眼。片刻之后，鞋匠的目光偶然扫视到门口，吓了一大跳，手里的鞋、针线和锥子掉了一地，还惊慌失措地大叫，“上帝呀！你是谁？你是谁？”

“师傅，晚上好！”雅各布边说着，边走进屋里，“日子过得怎么样？”

“小矮人先生，不好，很不好！”爸爸非常惊愕地回答，显然也没有认出雅各布，“……还必须亲自动手维持生意，请不起帮工。”

小矮人继续追问：“难道你们没有儿子？不能一步一步把鞋铺传给儿子吗？”

“我有过一个儿子，名字叫雅各布。如果活到现在，他已经是个即将二十岁，身材修长，手脚麻利的年轻人了，一定可以助我一臂之力。啊，当年的日子有多好！小雅各布才12岁就格外聪明伶俐，心灵手巧，已经掌握了许多手艺。而且，他还英俊诚实，帮我吸引来许多客户。我很快不需要修鞋，只供应新鞋就行了！但是，现在一切美好的计划都落空了！”

雅各布用颤抖的声音问爸爸：“你的儿子到哪里去了呢？”

“只有上帝才知道！”爸爸回答，“7年前——是的，已经过去这么多年了——有人把我的儿子从市场那里偷走了！”

雅各布惊讶地大叫：“7年以前！”

“对，小矮人先生，就是7年以前，我记得很清楚，一切就像发生在昨天一样。我的妻子哭叫着回到家，告诉我说，儿子一整天都没有回来。她已经到处寻找过、打听过，就是没有找到儿子的踪影。我总是想象着、叨唠着，儿子有一天会回来的。雅各布是一个那么英俊的孩子。我的妻子非常为儿子骄傲。看到儿子常常得到有钱人的奖赏，拿着各种瓜果蔬菜回家，妻子得意极了。这是真的，儿子总是得到许多奖励。但是，我总是警告妻子，‘小心点！城市那么大，也住着形形色色的坏人，要让雅各布当心！’正如我担心的那样，不幸的事情还是发生了！有一天，一个老婆婆走进了市场。经过半天讨价还价，她最后买了许多水果和蔬菜，但是她拿不动。我那好心肠的妻子让儿子帮她送货。从那时起，我们就再也没见过雅各布了！”

请在46页继续阅读。

为了**预防咳嗽**，可饮用由具有抗菌作用的平车前或百里香制成的香草茶；如果喉咙已经有些发痒，则应当饮用由药蜀葵和茴香制成的茶；如果已经患有咳嗽，则饮用3天款冬茶，一旦口腔黏液得到化解，再连续饮用14天前两种康复止咳茶饮。此外洋葱汁也有助于止咳。

药蜀葵

拉丁学名：*Althaea officinalis*

科：锦葵科

栖身地：药蜀葵的家乡是欧洲南部。在德国，它是一种备受喜爱的农家庄院植物。药蜀葵喜爱潮湿的土壤。在光照好的森林边缘地带，常有野生药蜀葵生长。

用途：药蜀葵是绝佳的药用香草，有减轻刺激和止痛的作用。药蜀葵可以制成茶或糖浆，用来辅助治疗刺激性咳嗽、嗓音嘶哑和支气管炎。除此之外，也可制成漱口水来使用（加鼠尾草），可辅助治疗口腔黏膜炎症；也可作为外用涂剂使用，如借助棉球涂抹药蜀葵药物，可辅助治疗甲床炎症。如果患深度咳嗽，要连续3天饮用药蜀葵茶。一旦黏痰得到化解，就要换饮其他药茶和药剂。千万注意：药蜀葵根茶必须置冷（过夜）饮用！并且经过滤、加温并放入蜂蜜增甜后再饮用。药蜀葵也有兴奋免疫系统的作用。

款冬

拉丁学名：*Tussilago farfara*

科：菊科

栖身地：款冬喜欢湿润的黏土壤，大都繁盛地生长在斜坡上，需要大量阳光。款冬还是碱性土壤的指示植物。

用途：款冬的拉丁学名是从“Tussis”衍生而来的，意思是“咳嗽”。由于具有消炎祛痰的功能，款冬（茶饮）有助于治疗感冒和支气管炎，还有退烧的功能。款冬还具有血液净化的功能。

注：叶子巨大的蜂斗菜常常被误认作款冬，但款冬的叶子要小得多。可以这样区分两种植物：款冬叶子背面的茸毛可以擦掉，而蜂斗菜的不能擦掉。

平车前

拉丁学名：*Plantago depressa*

科：车前科

栖身地：在欧亚两洲，从平原到高原牧场，从草坪到路边，都可见到平车前。

用途：平车前是一种对呼吸器官大部分疾病有辅助治疗效果的药用植物。此外，平车前也可以用作外伤药，如把新鲜的叶子放置在小伤口或蚊虫叮咬处。平车前汁具有抗菌的作用。

用平车前的叶子辅助治疗蚊虫叮咬的方法：

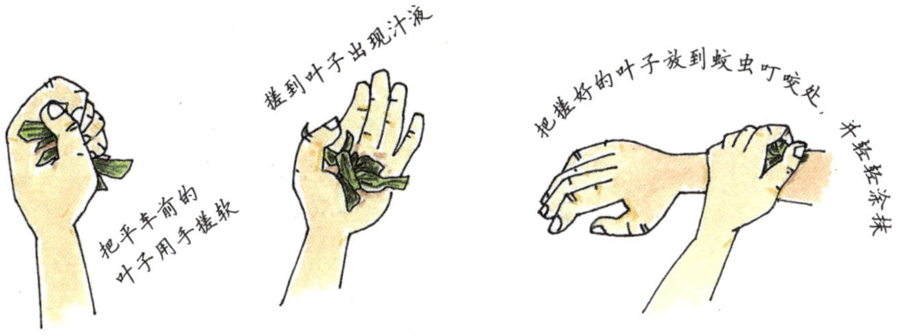

百里香

拉丁学名：*Thymus mongolicus*

科：唇形科

栖身地：百里香原产于地中海沿岸，喜爱生长在无霜降的地方。百里香的名字是由希腊语“Thymos”（力，勇气）演化而来的，意指该香草的作用强烈。

食用方法：由于百里香有助消化的作用，在烤牛肉、烤野味以及烹调家禽、鱼类和豆类时，常会添加百里香。百里香还是制作卤汁和香草醋的食材之一。

用途：在治疗大部分呼吸道疾病，如咳嗽等，以及胃肠疾病时，推荐使用百里香。在止咳药、漱口水和牙膏的制造中，也会用到百里香。

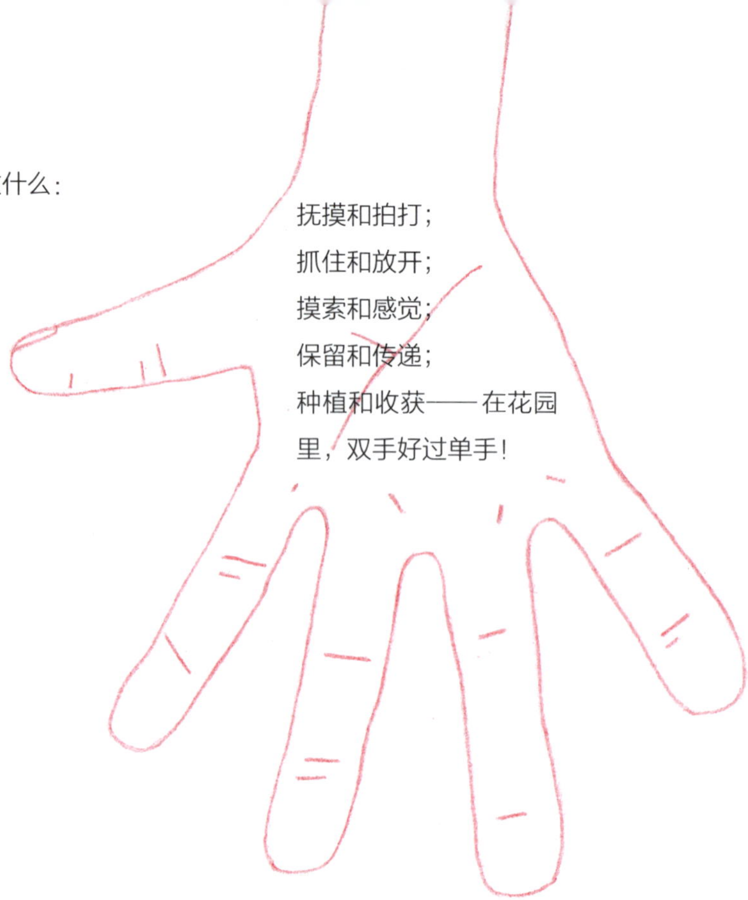

一只**手**能做什么：

抚摸和拍打；

抓住和放开；

摸索和感觉；

保留和传递；

种植和收获——在花园里，双手好过单手！

蜜蜂是最主要的授粉昆虫。我们能享受到美味的苹果、鸭梨、茴香和西葫芦，不能不感谢勤劳的蜜蜂。蜜蜂的作用不仅仅是采蜜。

我和你

我不停地打喷嚏，你却从来不。
我是克利斯朵夫，你是玛丽芙。
你只喜欢小猫咪，我却更爱狗。
你待在家里，我却四方走。
我会很快凉冰冰，你却总温暖。
我认真对待你，你却逗我玩。
我要飞向伦敦，你却要到柏林。
你梦想有一匹马，我愿和企鹅亲。
我爱读惊悚故事，你喜吟诗词。
你爱演贵公主，我演坏小子。

谁吃蜗牛香又甜？
谁深夜呼哧呼哧爬过草地？
谁在危险时卷成一团？
谁的冬眠一直睡到早春才完？

它就是我们的好朋友——**刺猬**

“您说，这一切都发生在7年前？”

“在7年前的春天，我们到处呼唤雅各布，挨家挨户问。有些人认识我们漂亮的儿子，他是那么惹人喜爱。好多人和我们一起寻找，但是一切努力都白费了。那个来买过菜的女人，没人知道她是谁，看着像千年的妖怪一样老。一个90多岁的老婆婆说，这很像那个邪恶的香草巫婆干的事，她每50年进城一次，购买各种东西。”

雅各布的爸爸这样叨唠着，时而使劲敲打着鞋子，时而两手握拳拉扯着长线。雅各布一点一点地明白发生了什么事。自己没有做梦，而是真的在邪恶巫婆那里做了7年松鼠奴仆。雅各布的心里充满愤怒和悲伤，几乎要挤爆胸膛。老巫婆偷走了自己7年的青春时光，自己得到了什么补偿？他能把椰子拖鞋擦得锃亮，他可以打扫有玻璃地板的房间，他学会了豚鼠厨房里的所有秘密。雅各布想着自己的命运，一动不动，站了许久。

半晌过后，雅各布的爸爸终于问：“年轻人，也许我的手艺把你吸引住了？买一双新的拖鞋？或者，”他笑着补充说，“给你的鼻子买一个护套？”

“你怎么说到我的鼻子了？”雅各布反问，“我为什么需要一个护套？”

“好吧，”鞋匠说，“虽然每个人的眼光不同，但是我要告诉你，如果我有像你一样的可怕鼻子，一定会带一个玫瑰色漆皮的护套。你看那里，我手头正好有件不错的料子。当然，要用至少一尺左右。但是，物有所值，你会得到必要的保护，小矮人先生。是的，我知道得很清楚，你会撞到要躲闪的每个门柱、每辆车子。”

雅各布吓得哑口无言，呆呆地站立着。他摸了摸自己的鼻子。一个粗大的鼻子，足足有两只手那么长！这么说，老巫婆还改变了自己的模样！所以妈妈才认不出自己！所以大家都叫自己丑陋的小矮人！

“师傅！”雅各布悲苦地对鞋匠说，“你手头有一面镜子吗？借我照一照。”

“年轻人，”爸爸严肃地回答，“你的形象不值得你骄傲，没有必要每个小时都照一次镜子。那对你可是特别可笑的习惯。必须习惯不照镜子！”

“哦，还是让我照照镜子吧！”雅各布请求，“这绝不是因为虚荣心！”

“别烦我啦，我没有那家伙。我妻子有一面小镜子，但我不知道她藏在哪里。如果你一定要照镜子，马路对面住着沃斑，他是剃头的，

他有一面镜子，比你的头大两倍。趁着早上人少，去那里照镜子吧！”

话音未落，爸爸轻轻地把雅各布推出小作坊，在他身后关上门，重新坐下去干活。雅各布垂头丧气地过了马路，去找理发师沃斑，他早年间的熟人。

“沃斑先生，早上好！”雅各布说，“我想请你帮个忙，能不能让我照下你的镜子！”

“十分愿意帮你的忙，镜子在那边！”理发师笑着大声回答，而等着他剃胡须的顾客也跟着哈哈大笑起来。“你真是个漂亮的小家伙，纤细而优雅。脖子有点像天鹅的颈项，手指像女王的一样，还有一个小翘鼻子，没见过像你这么俊俏的。你有理由傲慢一下，这可是真的。你这样的人就是爱照镜子！大家不要责备我，出于嫉妒不让你照我的镜子。”理发师这么打趣完后，引起一片狂野的笑声，在理发馆中回荡着。

与此同时，雅各布站到镜子前，审视着自己，泪水不禁夺眶而出。“是呀，亲爱的妈妈，难怪你认不出雅各布了！”他自言自语：“一点都不像当年那个英俊少年了，不是可以在人前夸耀显示，带来艳羡赞美的那个儿子了！”自己的眼睛小得像猪，庞大的鼻子悬在嘴上，伸向下巴，脖子看上去已经完全消失了。自己的头颅深深陷在肩膀里，只有忍住巨大的痛苦，才可以朝左右转动。自己的个头与7年前一样，停留在12岁。但是，其他人从12岁到20岁增长了身高，自己却只增长了同样的宽度。自己的前胸和后背弯曲得很厉害，猛然看去，身形就像一个装得满满的短小而厚实的口袋。这么厚重的上身坐落在细小而绵软的下肢上，双腿似乎已不堪重负。与其对照的是垂在体侧的发达手臂，一双发育良好的男人手臂。自己的双手粗糙，呈棕黄色，长长的手指和蜘蛛一样。雅各布伸直手臂，不必弯腰就能触及地面。就是这样，小雅各布长成了小矮人。

此时此刻，他明白了：在那个早上，当老婆婆在妈妈的篮筐中翻腾时，自己斥责的一切——长鼻子、丑陋的手指，老婆婆都弄了给他。只有那长长的、颤颤巍巍的脖子被老婆婆完全去掉了。

请在52页继续阅读。

在考试中，你面对考卷，忽然脑子里一片空白，回答不出1小时前还知道的问题。

面对着热腾腾的烧肉配米饭，虽然你饥肠辘辘，可是咽不下一粒米，因为你不爱吃米饭，更不爱吃肉。

你已经站到5米高的跳水板上，却不敢跳水了。

你很想请班上新来的同学吃冰淇淋，但就是不好意思开口。

你多次表示希望养一只狗，父母反复向你解释过，家里为什么不能养宠物狗，但是你仍然希望有一只宠物狗。

面对诸如此类的问题，再神奇的植物也无济于事。

如果香草都发芽

根据《如果井泉都喷水》的曲调改编。

2 弯腰弯得腰眼痛，哎哟疼痛难忍如针扎。
知道谁能解救我，只有来喝香草茶。
知道谁能解救我呀哟，只有来喝香草茶。

谜底（从左向右）：平车前 | 披碱草 | 荠菜 | 胡椒薄荷 | 鼠尾草 | 香蓍草 | 茴香

猜猜看，这些是什么？

香草奥林匹克竞猜

哪种植物能一下就把你“蜇伤”？
哪种香草吃起来能酸掉牙？
传递春天信息的花叫什么名字？
哪种植物繁殖的子孙后代最多？
哪种香草的叶子最小？
哪种植物有最长的藤蔓？

哪种香料是世界上最贵的？

哪种植物的叶片最大，并且常常与款冬搞混？

哪种植物长得最高？

哪种香草可以在很远处就闻到味？

哪种植物能让人眼泪哗哗流？

谜底（从左下方至右上方）：欧活血丹｜荨麻｜酸模｜三色堇｜蒲公英｜宽叶百里香｜番红花｜蜂斗菜｜毛蕊花｜熊葱｜洋葱

理发师这时发话了：“好了，您镜子照够了吧，我的王子？”边说边走到雅各布身边，又笑着打量着他说：“说实话，如果您做了场噩梦，您现在的模样，比最恐怖的梦魇还要怪得多。小矮人先生，不妨让我给您出个主意。您看，我的理发馆的客人虽然不少，但是最近生意不大顺心。为什么呢？因为相邻的理发馆“泡沫发廊”不知从哪里找到一位巨人，吸引去很多客人。话说人长成大高个并不新鲜，可是长成您这样的，真是稀罕极了。我说小矮人，您不如就帮我做工，我管您住，管您吃喝，管您穿衣，管您的一切。从明天早上开始，您就站在店门口，招揽客人进店。您还负责搅剃须肥皂泡沫，给客人递手巾。我向您保证，这样一定能让双方满意：我可以得到比用巨人的老板更多的生意，而您能从客人那里得到小费。”

听着理发师的一番话，雅各布怒火中烧：当理发馆的揽客诱饵？自己没有必要忍受这种人身侮辱。雅各布静静地对理发师说，他没有时间来做工，接着就离开了理发馆。

雅各布感到，恶毒的老婆婆虽然改变了自己的模样，但是自己的人格并没有被摧毁。他的想法和感受都和7年前的大不一样。不，自己在这期间变得更聪明、更明事理了。雅各布没有惋惜自己失去的英俊外表，不哀怨自己现在的丑陋，而只是不服气，爸爸怎么像赶走一条狗一样把自己逐出门。雅各布决定再去妈妈那里尝试一次。

雅各布在菜市场找到妈妈，请求她静静地听自己解释。他与妈妈一起回忆和老婆婆一起走的那一天，回忆他记得的所有童年往事。然后又告诉妈妈，因为自己当年指责了老婆婆，结果被老婆婆变成松鼠，替老巫婆做了7年工，以及老巫婆如何改变了自己的外貌。妈妈听了小矮人的一番话，六神无主，不知道该怎么办了。这个小矮人告诉她的所有童年往事都是那么真切。可是听到小矮人说他做了7年松鼠的时候，她说：“这是不可能的，哪里会有什么老巫婆。”她的目光扫视到容颜丑陋的小矮人身上，就更不相信了，这怎么可能是自己的儿子。最后，她认为最好还是听听丈夫的意见。所以，她把自己的篮子和筐收拢，叫上小矮人一起走。于是，母子俩来到了鞋匠的铺子。

“你看呀，”女人对丈夫说，“据那个小矮人说，他就是我们失去的雅各布。他告诉我，7年前的那天他如何被骗走的事情，还有他怎么中了一个老巫婆的法术。”

“什么？”鞋匠气呼呼地打断女人：“就是这个小矮人告诉你的？等等，你这个傻女人！那一切都是我一小时前给他讲的，现在他又用这些话去捉弄你！你耍什么把戏呀，我

的‘儿子’？等一下，让我来戳穿你的把戏。”他顺手拿了一把刚剪裁好的皮绳，跳起来，对准小矮人高耸的背部和长长的手臂抽打，雅各布痛苦地惨叫着，哭喊着跑了。

天下乌鸦一般黑，这个城市也鲜有富有同情心的灵魂。谁也不接济不幸的、外貌又滑稽的可怜人。因而，不幸的雅各布一整天没吃没喝，夜里不得不睡在又硬又冰冷的教堂楼梯上。

第二天早上，第一缕阳光惊醒了雅各布。他开始认真思考，遭受爸爸和妈妈的抛弃以后，自己该如何糊口。受雇做理发师的招客幌子，他觉得太丢脸，不想受雇当小丑挣钱。他该怎么办？思前想后，雅各布想到自己的烹饪手艺。当松鼠的时候，他的烹调技术取得了很大进步。他敢肯定，自己很有希望受聘为厨师。雅各布决定施展烹调手艺来糊口。

在早晨到来以前，当街上仍然相当幽静时，雅各布先进入教堂做了祷告。然后，他就出发去见公爵——这个城市的主人。他是一位著名的美食爱好者，喜爱大摆丰盛的宴席，拥有来自世界各地的厨师。不一会，雅各布来到了公爵府，到达宫殿最外面的大门。守门人嘲讽地问他有何贵干。雅各布说，他要求觐见首席厨师。门卫一边嘻嘻笑，一边领着他穿过府宅的前庭。他们一行所到之处，仆人都接二连三地停止动作，目光一接触雅各布，就立刻捧腹大笑，然后跟在他们后面连跑带跳。这样一来，逐渐形成由各类人等组成的人流，纷纷涌向殿堂的台阶。马夫扔掉手中的马刷子，跑腿的竭力地跑，铺地毯的忘记敲打地毯，大家都争先恐后地跟着起哄。一时间，形成一种盛大的局面，好似门口来了敌人，只听见此起彼伏的呼喊：“小矮人，一个小矮人！你看见那个小矮人了吗？”喧哗声一片。

吵闹声终于惊动了宫殿的总管。他板着严峻的脸，手提一条巨大的鞭子，出现在内门口。“你们像狗一般，闹腾得这么响！难道不知道主人正在睡觉吗？”他边说边挥舞鞭子，毫不客气地抽向几个马夫和门卫的后背。

“哦，老爷！”他们喊道，“难道您没看到吗？我们带来一个小矮人，一个您从没见过的小矮人！”宫殿总管的视线落到雅各布身上，费力压抑才没有让自己爆笑。他害怕这时大笑会有损自己的尊严。同时，宫殿总管用鞭子赶开闲杂人等，带着雅各布进了门，询问他来干什么。

请在58页继续阅读。

赞美
笑
得到关爱
放松心灵
玩耍
在空中建造城堡
历险
唱歌
得到友谊
欢庆
汲取和奉献
家庭
美梦
精神食粮
欢乐
悠闲
受保护
休假
团队精神

香草还可以用来当作防**飞蛾**的药品使用，如可以用大量草木樨薰走飞蛾，或者悬挂薰衣草香薰花穗赶走它们。这是个一举两得的方法，既能防飞蛾，又能给衣物熏上怡人的香气。

三叶草

三叶草是一种既可药用，又可作饲料的植物。往往可以看到兔子在三叶草植被上欢跳，或者饱餐一顿，俗话说：爱情从胃开始。

草木樨

拉丁学名： *Melilotus officinalis*

科：蝶形花科

用途： 草木樨是辅助治疗静脉血管疾病最常用的香草，常用作血栓和静脉曲张的后续辅助治疗。另外，草木樨也可用于辅助治疗偏头痛，还可止鼻血。

除了具有医疗效用，正如其别名“飞蛾三叶草”所示，它还是一种防飞蛾的良好药品，但是用量要很大才有作用。

薰衣草

拉丁学名： *Lavandula angustifolia*

科：唇形科

用途： 薰衣草具有消炎的功能，被广泛应用于化妆品行业。把薰衣草油涂抹在蚊虫叮咬处，可以减轻瘙痒。除此之外，薰衣草也可以驱除衣蛾。

欧洲刺柏

拉丁学名：*Juniperus communis*

科：柏科

栖身地：欧洲刺柏以整个欧洲为家，生长在松散的沙质荒地，或光照良好的针叶林里。

食用方法：可使用欧洲刺柏的整个浆果搭配各种野味和鱼鲜来食用。此外，刺柏果也适用于作腌料和煎烤作料。欧洲刺柏木可用于熏烤肉类。

用途：欧洲刺柏具有促进新陈代谢、利尿和净化血液的作用。此外，欧洲刺柏也能减轻进食后的饱胀感觉。但为了保护肾脏，要有节制地使用欧洲刺柏。

（真正的）鼠尾草

拉丁学名：*Salvia japoniea*

科：唇形科

栖身地：鼠尾草原生于欧洲南部山区，可在庭园的碱性土壤里，且防风、防冻的地方生长。

用途：鼠尾草可净化血液，并能清除呼吸道的黏液，使人恢复食欲。鼠尾草可辅助治疗肠胃肝胆和泌尿道的炎症。鼠尾草有消毒作用，所以它还可被制成医用漱口水和洗涤水来使用。除此之外，不仅各种除臭剂都含有鼠尾草，而且鼠尾草茶还是帮助哺乳母亲断奶的主要茶饮。

蒜香鼠尾草绵羊奶酪

你需要准备如下食材：200克绵羊奶酪｜3瓣大蒜｜10片鼠尾草叶子｜10粒胡椒｜7/8升橄榄油

我们说话、进食或唱歌时，不能不张**嘴**。我们还不时撅起嘴唇吹口哨、亲吻，还会从嘴里伸出舌头舔雪糕。我们呼吸时气流通过口腔吸进呼出，证明我们还活着，而且生命力旺盛。

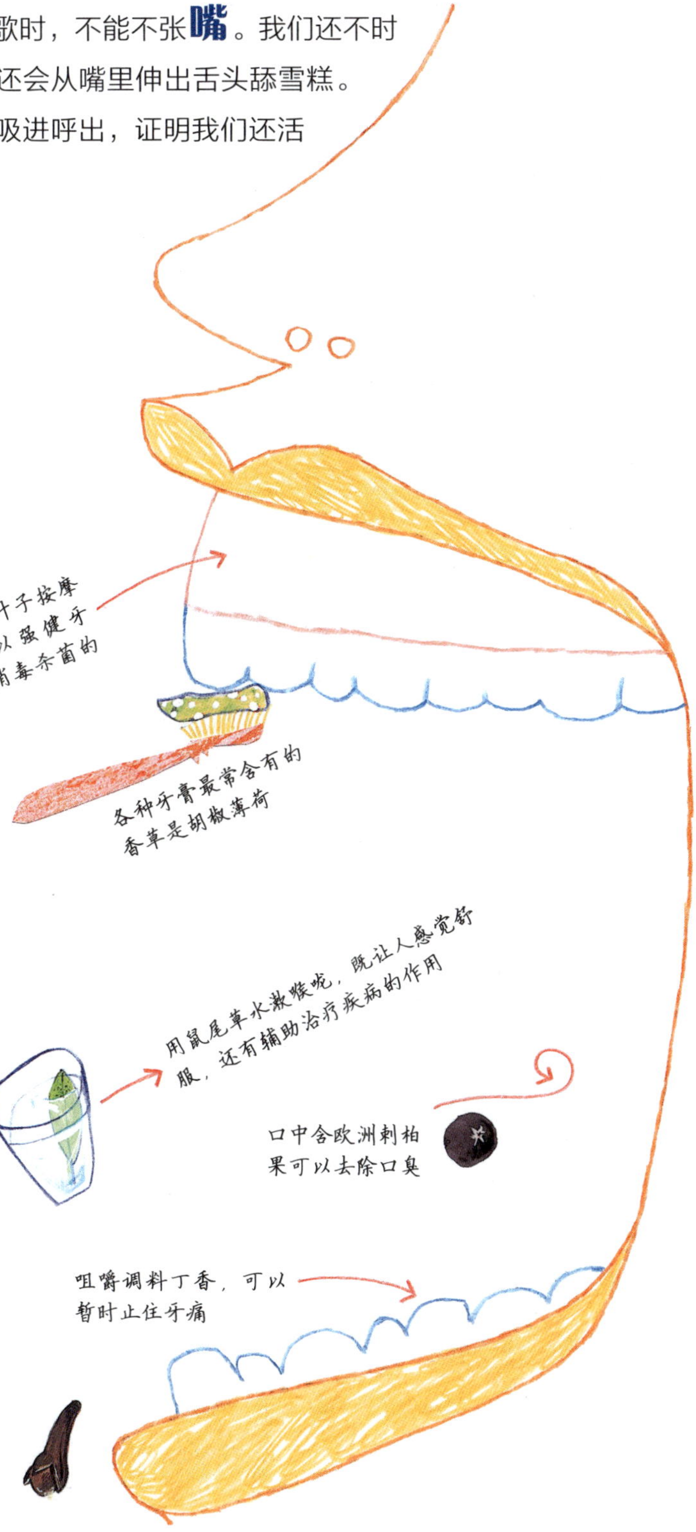

刺柏果加荨麻叶，
接骨木配香蜂草。
红百金花添药效，
泡成一杯良茶药。

听说雅各布想见主厨，宫殿总管回答说：“你错了，我的孩子。你做我——公爵府总管的手下，好不好？你将来会成为公爵的贴身侏儒，这样不好吗？”

“不，老爷！”雅各布回答，“我是一个专业的厨师，有烹调各种珍稀菜肴的丰富经验。请带我去见主厨，或许他需要我的烹调手艺。”

“各人志向不同，随你的意愿。不过小家伙，顺便说一句，你不大慎重。去什么厨房！你若当了贴身侏儒，不用干活不说，还可以随意吃香喝辣，穿漂亮的衣服。无论如何，照我看，你的烹饪手艺很难达到公爵厨师的水平，但要是做厨房伙计，那真是可惜了你。”说完这话，宫殿总管牵着他的手，来到主厨的所在处。

“大人，您需要一个专业的厨师吗？”雅各布说完鞠了一躬，身子弯得如此之低，鼻尖都碰到了地毯上。

首席厨师从头到脚打量了雅各布一遍，爆发出一阵大笑：“怎么可能？”他大声嚷嚷：“你来当厨师？你够得着炉灶吗？你不信就来看看，你要踮起脚尖，仰着头干活吗？哦，亲爱的小矮人！是谁支使你到我这里找厨师差事的？人家耍弄你呢！”首席厨师一边说，一边开怀大笑，宫殿总管和所有在场的仆人都随着一起大笑。

雅各布丝毫不为所动。“你们这里有一两个鸡蛋吗？还有糖浆和葡萄酒，或者面粉和香料吗？”他继续说，“请说，让我烹调什么美食，你们只需要提供我需要的食材，我就当着大家的面迅速煮出来。你们到时候肯定会说，我是一个不折不扣的好厨师！”他侃侃而谈，讲得胸有成竹。雅各布看上去非常奇异：小眼睛里放射出晶亮的光芒，长鼻子来回摆动，边说边舞动蜘蛛一样细长的手指。

“好吧！”厨师大声答应，并挽住宫殿总管的胳膊说，“好，一定很有趣。让我们一起去厨房！”走过无数厅堂和甬道后，众人终于来到厨房。公爵府的厨房又大又宽敞，布置得非常豪华。20个炉灶总是燃烧着熊熊火焰；一道清澈的水泉，同时兼作放养鱼鲜的溪流，流淌着贯穿整个厨房。在大理石和贵重木材制作的橱柜中，装着各种必需的储藏货物。左右两边共有10间大厅，堆放着所有来自世界各国的食材，从法兰基斯坦到东方世界搜罗到的各种美味应有尽有。各类厨房伙计跑来跑去，挥舞着叉子、铲子和饭瓢，叮叮当当地操作着蒸锅和煎锅。但是，首席厨师一迈进厨房，所有人都站住不动了，只能听到灶台上火焰的呼呼声以及溪流里流水的潺潺声。

“公爵老爷吩咐今天早饭吃什么？”首席厨师询问第一早餐师傅，一位老厨师。

“老爷啊，他吩咐下来了，做丹麦汤和红色汉堡圆子！”

“好！”首席厨师接着对雅各布说，“老爷想吃什么，你听到了吧？你有胆量准备这些困难的菜肴吗？你一定做不出圆子，这是秘方。”

雅各布出人意料地回答：“没有比这更容易的了！”因为在身为松鼠的时候，他曾经常烹调这些食物。“没有比这更简单的了！先说熬汤，给我去拿这种和那种香草，这味和那味香作料，野猪的油脂，生姜和鸡蛋。要做圆子嘛，”雅各布压低了声音，只让首席厨师和早餐师傅听见，“做圆子我需要4种肉、一些酒、鸭油、姜和那种名叫苍术的益胃香草。”

“我的上帝！你从哪个魔术师那里学会的这本事？”首席厨师惊讶地嚷道，“你说的一切都丝毫不差，益胃苍术我都不知道。是的，用上这味香草，味道一定更好。啊，你是厨师里的奇葩！”

“我真没想到，”首席厨师说，“我们就让他试一下。快准备他所要的食材、餐具等一切东西，让他来准备早餐！”

伙计们立刻遵照首席厨师的指令，把所需的东西都放到灶台上。可是大家发现，灶台比小矮人的鼻子还高。因此，众人把几张凳子拼在一起，上面放一块大理石板，请神奇的小矮人上去，施展他的烹调手艺。厨师、厨房伙计、仆人和形形色色的人围成一大圈，看着并惊叹着：小矮人的手怎么那么干净利落，他准备的一切怎么都那么整洁可爱。做完准备后，雅各布下令把两个锅都放到灶火上，精确掌握烹煮时间，直到他说停止。接着，他就开始数数，1, 2, 3……他数到500时，大声喊道：“端锅！”两个锅一齐端离炉火，邀请首席厨师品尝。

公爵的厨师叫人取金汤匙，厨房伙计把金汤匙在溪流里漂洗干净，递给首席厨师。

请在64页继续阅读。

无论**男人**还是女人，都能从香草中得到益处。例如，欧当归可提神，雏菊（见39页）可改善心情，而荨麻能净化血液和辅助治疗前列腺疾病。

欧当归

拉丁学名： *Levisticum officinale*

科：伞形科

栖身地： 欧当归来自地中海周边国家，目前也在欧洲栽培。

食用方法： 作为调料，欧当归既可以炖菜煮汤，也可以拌入酱料，它适合一切菜肴，但前提是，你得喜欢欧当归的味道。

用途： 由于欧当归具有缓解痉挛和祛痰的功效，因此推荐用欧当归茶饮辅助治疗支气管炎。除此之外，欧当归具有兴奋神经、利尿和祛风的作用。欧当归还可用作沐浴品添加剂，洗掉皮肤上的污迹。女性还可把欧当归作为加强下腹部器官的洗浴添加剂来使用。

荨麻

拉丁学名： *Urtica fissa*

科：荨麻科

栖身地： 荨麻的生长遍及整个欧洲，哪里有人生活，哪里就有荨麻生长。在马厩、围栏、篱笆和墙壁近旁都有，不过大多生长在肥沃的土壤中。

食用方法： 春天可采集荨麻的嫩叶和嫩枝芽，像烹调菠菜一样，搅拌成“荨麻菠菜”，或者把叶子和嫩芽稍微用热水焯一下，制成沙拉或盘饰沙拉。

用途： 荨麻是药用植物中名列前茅的血液清洁剂之一，同时也是辅助治疗尿路感染的重要物品。荨麻还是加强前列腺功能，以及止血的良好药物。

从下图所示的词语植物上，选5组词语，编写一个故事。

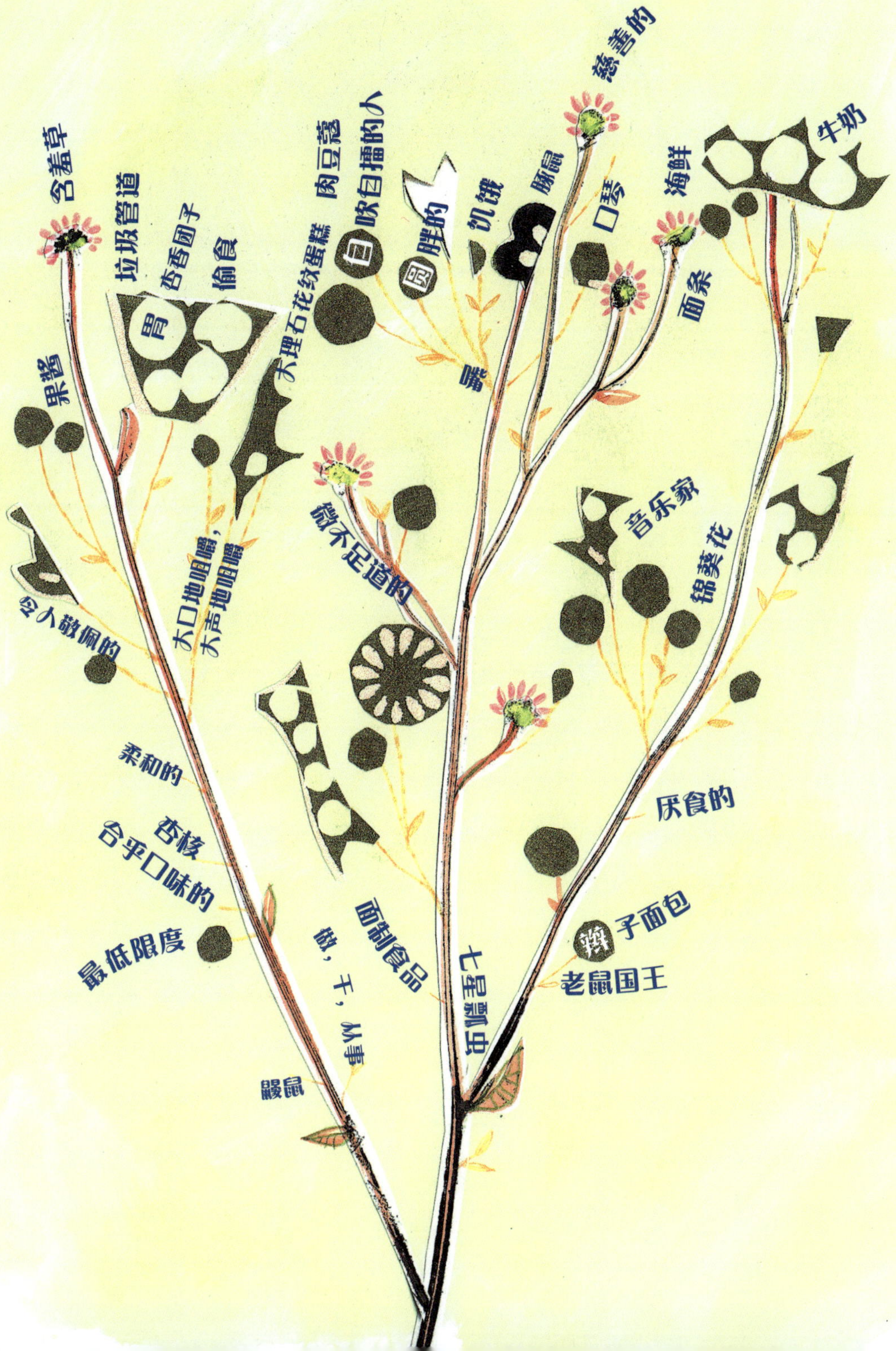

小好奇 有一种全社会皆可接受的贪婪是好奇。没有好奇，就没有发现，没有经验，没有实验，没有冒险，连惊奇也近乎没有。因此，让我们潜心于这种贪婪吧！

欢迎参加追求好奇者的俱乐部！

消除胆怯香草

拉丁学名：*Sensitivus nobilis*

科：茁壮粗根科

靠自身的养料才能滋生，并且需要耐心加以培育和维护。

用途：可克服对大狗的恐惧，以及对其他恐怖事物的畏惧。

使用指南：

✖ 当你看到一只大狗，就在脑中把它设想为一只小小的老鼠，然后深吸一口气，以轻松的步伐走过去。你还可以附带说一声："你好，小老鼠！"不过声音绝不要打战。

✖ 如果这种设想没有立刻见效，你可以慢慢走到街道的另一边，深呼吸，然后抬头挺胸走过。你也可以边走边吹口哨，哼唱小曲儿。

千万注意：不要与狗对视！

随着时间的推移，你的恐惧会逐渐变小；你的勇气会逐渐增大。若是幸运的话，你很快就不再需要消除胆怯香草了。

首席厨师带着严肃的表情来到灶台边，舀取了食物品尝。只见他闭上眼睛，享受地大声咂嘴弄舌，然后说："美味极了，太好吃了！总管，您不来尝一勺吗？"

宫殿总管弯着腰，拿起勺子品尝。然后他陶醉在无与伦比的享受中："亲爱的早餐师傅，我很尊重您的烹调技艺，您是一位经验丰富的厨师。但是，无论您的汤还是汉堡圆子都没有这么美味！"

早餐师傅尝过味道以后，摇晃着小矮人的手，虔诚地说："小人儿！你真是烹调大师！添加了这个香草后，味道真是别具一格。"

这时公爵的侍从走进厨房，告诉大家公爵要吃早餐了。菜肴盛在银盘子里，给公爵端去了。首席厨师带着小矮人去自己的房间畅谈。两人刚进屋子，刚开始念主祷文（法朗克人的例行祷告）："哦，主啊……"就有使者来到，传唤首席厨师去见公爵。他赶忙换上觐见礼服，跟着使者前去。

公爵看上去一副心满意足的样子。当首席厨师来觐见时，他正擦抹着胡须。

"听着，大厨师！"公爵说，"我一直很满意你们的厨艺，但请告诉我，今天是谁为我准备的早餐？自从我继承父亲的宝座之后，如此美味的佳肴还从来没有吃到过！你说出厨师的名字，我要赏赐他一些金币。"

首席厨师回答："老爷啊，这里有段精彩的故事……"接着，他就讲述了今早小矮人如何来见自己，如何坚定地想成为一名厨师，以及如何开始烹调等一切事情。公爵感到无比惊奇，命人叫来小矮人询问：姓甚名谁？来自何方？可是可怜的雅各布当然不可以说自己遭受魔法，被变身为松鼠服劳役的经历。他只如实说，现在自己没有了父母，从一个老婆婆那里学会了烹调技艺。公爵没有继续追问，心想有这么奇特的人物成为自己的新厨师，他感到格外开心。

"如果你愿意留在我这里，"公爵说："我每年付给你50金币，一套漂亮的礼服，再加上几条裤子。作为交换，你必须每天亲自为我准备早餐，安排午餐应如何烹调，以及管理我的整个厨房。每个在我宫殿里的人，都由我来赐名。你的名字就叫大鼻子吧，加入副主厨师的行列。"

在权高位重的法朗克郡国公爵面前，小矮人跪下亲吻公爵的脚，承诺将忠心地为他服务。如此，小矮人终于有了生计，而且做得十分出色。

自从小矮人来到公爵府，可以说，公爵像是换了一个人。以前，他经常把端来的饭菜连盘带碗砸到厨师的头上。即使首席厨师也受到过这种对待。那次公爵怒气冲天地把烤小牛腿扔了过来，只因肉烤得不够软嫩。小牛腿猛地砸到首席厨师的额头上，把他砸倒在地，卧床休息了3天才好。公爵很任性，

而且脾气很大，随手抄起什么就扔什么。事过之后，送几把金币就可以了事。所以在端饭给公爵时，没有一个厨师不心惊胆战。小矮人一来，公爵仿佛中了魔法，完全改变了，从原来每天吃3顿饭变成每天吃5顿，恨不得能多享受到那最矮仆人的烹调技艺。更为奇特的是，公爵再没有发怒，脸上没透出过一丝反感。他觉得一切都新奇，合胃口。如此，公爵不仅变得和蔼可亲、心情愉快，也变得日渐肥胖。

经常在餐饮中间，公爵会传唤厨师和大鼻子小矮人，命两人在自己一左一右坐下。他会用自己的手指将几口美味佳肴塞入两人口中。这是一种恩惠，表示他高度欣赏两人。

小矮人成为了城市的大奇观。许多人都来恳求首席厨师，只为能观看小矮人做饭。经过公爵的推荐，一些最高贵的人物纷纷让各自的厨房仆人花大钱来向小矮人学烹调技艺，每人每天一个半金币。为了让其他厨师心情愉快，不嫉妒，大鼻子小矮人把老爷们支付了的厨师学艺的钱都平分给大家。

就这样近两年过去了，小矮人表面看上去过得富足而荣耀，但实际上，他一想到父母就悲伤不已。大鼻子小矮人本以为会这样平静无奇地生活下去，直到发生了一次意外。

大鼻子小矮人特别精明，也特别乐意去采购。因此，只要能抽出时间，他就亲自去市场购买家禽和水果。一天早晨，他来到鹅市场，寻找公爵最爱吃的大只而脂肪厚的肥鹅。大鼻子小矮人已经来回找寻了好几次。在市场上，谁也不再讥笑嘲弄他的模样，而是对他肃然起敬。谁都知道他是有名的公爵的心腹厨师。每当看到小矮人的鼻子转向自己，卖鹅女人都会感到高兴。

这时，大鼻子小矮人看到一排的尽头，有个女人坐在角落里卖鹅。不过她不像其他女人，她并不叫卖招揽顾客。大鼻子小矮人走向这个女人，掂量着她的鹅。这些鹅正合大鼻子小矮人的心意，他便连笼子一起买了3只。把笼子扛到宽阔的肩膀上，大鼻子小矮人便往回走。这时，他感觉到一件怪事情，有两只鹅咯咯地嘶喊不停。可是第三只却静静地坐着，似乎陷入沉思，并且发出一声声叹息，像人一般在唉声叹气。

请在68页继续阅读。

比萨饼

对于比萨饼厨师来说，再没有比牛至草更重要的香料了。撇开其他食材不说，是牛至主导了这道意大利佳肴特有的味道。

牛至

拉丁学名：*Origanum vulgare*

科：唇形科

栖身地：牛至来自小亚细亚，目前生长在地中海地区，是一种广泛生长的野生植物。在欧洲地区，牛至是庭院植物，但偶尔也会在野外发现。

食用方法：牛至最适合作为比萨饼调味品来使用，还可以搭配各种番茄菜肴和马苏里拉软奶酪。除此之外，新鲜的牛至也可以放入沙拉和汤中，也非常适合搭配各种肉食。

用途：牛至有促进食欲和帮助消化的作用。

曲曲折折地越过田野

没有野兔会在一条路上直走。对兔子来说，最常见的就是曲曲折折地越过田野。而且在动物世界里，兔子不是唯一这样跑的动物。

巧答童话大鼻子小矮人谜题

在什么树下母鹅咪咪发现了香草“乐意咳嗽”？

1 在一棵小梨树下
2 在一棵粗壮的橡树下
3 在一棵老栗子树下
4 在一棵高大的椴树下

谁给雅各布施了魔法？

1 是疯狂的巫婆“烂虫洞”
2 是老师傅“不做好事”
3 是恶毒的香草巫婆
4 是罗圈腿“腰眼疼”

雅各布被变成松鼠给恶毒的巫婆服役了多少年？

1 1年
2 7年
3 25年
4 100年

咪咪的爸爸叫什么名字？

1 魔术师“暴风雨”
2 巫师欧坤
3 雷王乌姆
4 魔术师“气象山羊”

哪种香草让雅各布重新恢复了人身自由？

1 使劲喘气
2 流哈喇子吧唧嘴
3 生气干咳
4 乐意咳嗽

什么时候才能找到“乐意咳嗽”香草？

1 在炽烈的阳光下
2 在暴风雨中
3 在浓雾中
4 在新月升起时

谁帮助雅各布找到了“乐意咳嗽”香草？

1 母鸭丽丽
2 公鸭马库斯
3 母鹅咪咪
4 母鸡汉娜

在大鼻子小矮人神秘失踪以后，公爵与侯爵之间的战争叫什么？

1 蛋糕之争斗
2 香草之战
3 煎肉排大战
4 比萨饼争吵

“这只鹅大概生病了，”大鼻子小矮人自言自语地说：“我得赶紧走，还来得及宰杀它。”令人出乎意料的是，母鹅却清楚而大声地张口回答：

“你若宰杀我，
我必咬死你。
你掐断我的脖颈，
我让你早进坟茔。”

大鼻子小矮人吓了一跳，把笼子放到地上。母鹅睁着美丽而聪慧的眼睛，看着他又叹了一口气。

“我的老天爷！”大鼻子小矮人不禁大叫，“鹅小姐，你会说话？我真想不到。好吧，你不要那么害怕！人人都想要活命，我不会杀死像你这么稀罕的动物的。但是我敢打赌，你并不是生来就披着这一身羽毛吧。我也曾经被变成一只松鼠。”

“你说得对，”母鹅说，“正像你说的，我不是生来就披着这身羽毛的。呵呵，谁也不会想到，咪咪，伟大的‘气象山羊’的女儿，会在公爵的厨房被杀死！”

“亲爱的咪咪小姐，请别伤心了！”大鼻子小矮人安慰她，“我是个说话算话的人，只要我当公爵殿下的副主厨师一天，就不会掐断你的喉咙。我要在自己的卧室里搭一个棚子，会给你供应充足的食物，还会把空闲时间都贡献给你，尽量陪你说话。对厨房其他的人，我会说，要用各种特殊香草，为公爵饲养一只肥鹅。一旦有机会，我就放你走，让你恢复自由。”

鹅小姐含着感激的泪水，感谢了大鼻子小矮人。如同他的许诺一样，大鼻子小矮人只宰杀了另外两只鹅。借口为公爵预备特别的大餐，大鼻子小矮人给咪咪盖了一个独有的窝棚，他也不喂咪咪普通的鹅饲料，而是喂糕点和甜食。

只要大鼻子小矮人有空闲时间，就去和咪咪交谈，想尽办法安慰她。两人还相互倾诉了各自的故事。通过彼此沟通，大鼻子小矮人了解道：咪咪鹅是魔术师“气象山羊”的女儿，住在哥特兰岛上。在一场“气象山羊”和老巫婆的争吵中，“气象山羊”赢了，出于报复，老巫婆把咪咪变成一只鹅，并辗转千里带到这里。

当然，大鼻子小矮人也讲了自己的遭遇。咪咪听完说：“在人生经历方面，我还是有些经验的。父亲曾经尽其所能，给了我和姐妹们许多指教。你的香草筐争吵故事，你的突然变化，你闻到的香草香气，以及从你叙述的老巫婆

的话语，种种迹象都表明，你是中了香草魔法。也就是说，如果你找到那种巫婆对你施魔法的香草，你就可以从魔法中解脱出来。”

这番话对大鼻子小矮人毫无安慰作用，因为他根本不知道去哪里找那种香草。但是，他还是很感激咪咪的，至少他心里有了一线希望。

不久之后，相邻的一位侯爵友人来拜访公爵。因此，公爵把大鼻子小矮人叫到面前吩咐：“养兵千日，用兵一时。现在，显示你对我是否忠心耿耿，显示你厨艺是否高超的时候到了。这个要来访问的侯爵，是除了我，最著名的擅吃之人。他最懂得品尝美味佳肴，非常博学。你要做到让我每天的宴席都精致无比，让我的侯爵朋友一天比一天佩服。只要侯爵在我这里做客，你就不能做重复的菜肴，不然我就再也不会宠幸你了。另外，只要你需要，你可以从我的金库那里随意拿取。如果需要用黄金钻石泡猪油，你也尽管去拿！我宁愿变成穷人，也不愿在客人面前丢脸。”

公爵说得斩钉截铁，大鼻子小矮人只得优雅地鞠躬说：“老爷，一定照你说的做！我会尽我一切所能，取悦这个口味高级的侯爵。”

大鼻子小矮人厨师现在拿出了自己全部的看家本领。他不吝惜主人的宝物，更不吝惜他自己。只见他的身影整天出没在灶台前，只听到他的声音整日回荡在厨房蒸腾的雾气中。作为主厨，他带领着洗碗伙计和低等厨师一边苦干，一边发号施令。

外来的侯爵在公爵府里度过了美满愉快的14天，主客每天至少吃5顿饭。看到客人称心如意的样子，公爵对大鼻子小矮人的烹调技艺也极为满意。事情发生在第15天，公爵在宴会上召唤大鼻子小矮人前来，介绍给客人——侯爵，并且询问对方是否也对小矮人很赞赏。

“你是一个高超的厨师，”外来的侯爵说，“知道什么是像样的食物。我在这里的这段时间，你没有重复一样菜肴，一切都无可挑剔，实在令人钦佩。不过请告诉我，这么多天以来，你为什么没有烹制菜肴中的女王——酥瑟香尼酥皮馅饼？”

听了侯爵的话，大鼻子小矮人十分震惊，他可从来没有听说过酥皮馅饼女王。但是，他仍然镇定地说：“老爷，还要等一等。因为我期待您多在公爵府住上一段时间，所以把这个菜肴压着没奉献。在您离开的那天，没有哪个菜肴比酥皮馅饼更适合作为厨师的送别礼了。”

请在74页继续阅读。

什么动物喜欢躺在胡椒中？

凯撒头戴的叶冠是用什么叶子编制的？

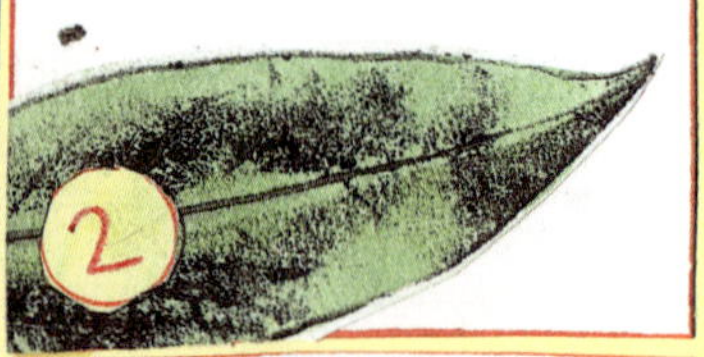

不会枯萎的丁香是哪种香草？

站在哪种植物的枝条下，你就不能拒绝来自任何人的亲吻？

锦衣不用剪刀裁，调味请加独行——

艾贝哈德最愿意赠送夫人的是哪种颜色的百金花？

奶奶奥蒂莉厄种植了鼠尾草、百里香和欧香——

掉在离树干不远的地上。

我的弟弟小虎子，鸡窝里藏着葛缕——

青衣道士白云居，吸溜好茶夸雏——

鱼虾时鲜烹海螺，添香增味有莳——

患上咳嗽泪哗哗，止咳茶饮毛蕊——

有许多个脚趾和一个大肚子，闻起来味道还很强烈，它是什么？

4

把它当茶泡水喝，可以暖身，在嘴里嚼嚼还有益肠胃和心脏。

5

人有脸，树有皮
红烧肉里加肉桂——

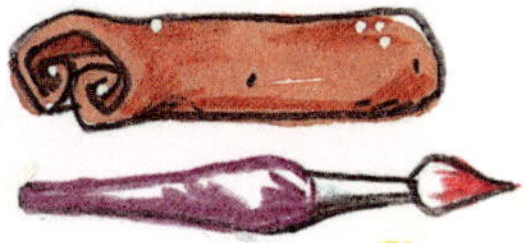

6

颜色有黑有灰，开花时十分漂亮。

10

无论在多伦多还是在漠河，
大家都喜欢胡椒薄——

11

胖娃娃吃白馍馍，
青草地上有酸——

12

不管是南娇还是北娇，
最大嗜好是吃辣——

16

小马驹子恋马槽，
里面装满薰衣——

17

东找西找收干草，
就是没有鼠尾——

18

无论是儿童还是熊仔，
尝不够的甜蜜润心怀。

22

博尔扎诺，维也纳，
人人称道有异香，
赛过玫瑰迷迭——

23

芬芳远飘云雾低，
幽香弥漫满空间，
驱魔伏鬼赶耗子。

24

谜底：兔子 | 月桂 | 调料丁香 | 大蒜 | 姜 | 肉桂皮 | 榭寄生 | 独行菜 | 红百金花 | 罂粟子 | 胡椒薄荷 | 酸模 | 欧香芹 | 苹果 | 葛缕子 | 辣椒 | 薰衣草 | 鼠尾草 | 雏菊 | 莳萝 | 毛蕊花 | 蜂蜜 | 迷迭香 | 乳香

石头汤

在一个山洞里，老狼和朋友们正在聚会。“喂，大家好！我来啦！”老狼热情地和大家打了声招呼，接着自豪地说，“看看，我给你们带来了什么好吃的！”

“老伙计，来得正好啊！”大熊说，“我们都饿坏了！”

绵羊问：“是什么好吃的？”

“石头汤！”老狼边回答，边从挎包里拿出一块大石头。

“石头汤？”大熊瓮声瓮气地问，“好喝吗？”

“当然！”老狼肯定地回答，“这个汤绝对美味无比！”

毛驴说：“你既然这么肯定，那一定错不了。”它的额头上戴着一颗星星。

老狼把装满水的锅放到火堆上，接着把大石头放进锅里。

老鼠吱吱叫着说：“往汤里放一小把欧当归，合味道吗？”

“那还用问！尽管放！”话音未落，老狼爪子里就握着一把欧当归，随手扔进汤里了。

“我带来了一颗洋葱！”黄鼠狼大声叫着，跳到老狼头上，让洋葱从一个爪子里落入汤锅。

“这是葛—葛—葛—葛缕子！”口吃的七星瓢虫有一点害怕老狼。“狼—狼—狼先生，你—你—你需要这个吗？”

“需要，拿过来！”老狼立刻把葛缕子撒入沸腾的锅中。

青蛙呱呱叫地说：“呱呱，我有茴香。”

小狗汪汪：“我有迷迭香！”

“要不要放一些姜啊？” 总是在吃饭的时候才现身的巫婆说。

猫咪喵喵：“我有好多马郁兰！”

老狼回答：“不用问！尽管放！”老狼把新报出的香草和香料都放进了汤里。

七星瓢虫细声细气地说：“这—这—这—这汤闻起—起—起—起来好香！”

“现在，最精彩的食材来了！”母鸡咯咯嗒地下了个蛋。

老狼把鸡蛋也放入汤中，并满意地说：“这是你们这辈子喝到的最好的石头汤了！”说着它拿着大勺为每个朋友都盛了一碗汤。

“慢着！先别喝汤！”调皮鬼大喊一声，“我还有好东西没献出来呢！”话音未落，它就大显身手，像旋风一样，给每个汤碗里撒上了切碎的欧香芹和火葱。

大家终于围成一圈坐下，开始喝汤。随着勺子起落，在一片“啊！”“噢！”的惊叹声音中，碗都空了。“哎呀，老狼太棒了！”大熊赞扬朋友，“你果然没说大话，这个汤真是好喝极了！”

老狼一边满足地舔石头，一边骄傲地说：“我说的当然没错！”

吃完饭，动物朋友们又在一起开心地度过几个钟头，直到回家的时刻来临。

老狼拿起自己的石头装入挎包，动物朋友都纷纷向它告别：“老狼再见！希望不久再聚会！不久再聚会！”

“一定的，朋友们！”老狼回答。

七星瓢虫问：“老—老—老—老狼，你—你—你—你还带石头来吗？”

“我会的，小家伙！” 老狼回答，“不久之后，我们再一起喝石头汤。”

小狗和毛驴齐声欢呼：“一言为定！”

老狼再次许诺：“一言为定，先生们！”

在回家的路上，老狼用嗡嗡的低音贝斯嗓子大声唱：“哦，我做得很棒，哦，没想到会这么棒！”然后，他津津有味地咂了几次嘴，大声用力地打了几个饱嗝，如同以往吃完好东西一样。

公爵听了反问：“是这样吗？”接着冷笑说，“你也从来没有给我做过酥皮馅饼！你是想等到我死了再给我送别礼吗？明天你必须在宴会上献上酥皮馅饼，否则……”

“老爷，一定照您的吩咐做！”大鼻子小矮人回答完毕，就小心翼翼地退下。他走得很狼狈，因为不幸的一天来到了，他不知道如何做酥皮馅饼。大鼻子小矮人回到房间里，为自己的悲惨命运痛哭起来。

正在这时，被允许在大鼻子小矮人住处活动的咪咪鹅走了过来，询问他痛苦的原因。

“别哭了！”听到酥皮馅饼，咪咪说：“这个菜肴经常上我爸爸的餐桌，我大概知道这个酥皮馅饼需要用到什么。你取用这些食材，用这么多量去做，即使不具备所有必需的食材也不要紧。老爷们的味觉没那么精细。”咪咪这么一说，大鼻子小矮人高兴地跳了起来，庆幸自己在那一天买下了这只鹅。然后，他就开始准备做酥皮馅饼了。他首先试做了一份样品，觉得味道好极了。首席厨师品尝后又一次对大鼻子小矮人的厨艺赞赏不已。

次日，大鼻子小矮人做成了大块酥皮馅饼，放进烤箱加热，目不转睛地盯着酥皮馅饼直到烤好。大鼻子小矮人把馅饼亲手拿出烤箱，用花环装饰后，放到盘子里。他穿上自己最华丽的礼服，向宴会厅走去。在他进入大厅后，首席客人前的分切手就忙着切酥皮馅饼，用银铲子把馅饼呈送给公爵和他的客人。公爵贪婪地咬了一大口馅饼，吞咽下去后，睁开眼睛看着天花板说：“啊，啊，啊！没错，真不愧是女王。不过，我的大鼻子小矮人也是所有厨师之王！我的朋友，不是吗？”

客人取了一小块酥皮馅饼，送入嘴里，仔细品尝验证，然后轻蔑而神秘地笑了笑。

“虽然这个东西做得不错，”他把盘子推到一边说，“可遗憾的是，它并不完全是酥瑟香尼。这就是我的评价。”

公爵不满地皱了皱眉头，羞愤得满脸通红。

“小矮人！”公爵叫骂，“你怎么敢这样应付你的主人！为了惩罚你拙劣的厨技，我要砍掉你的头剁成肉泥！”

大鼻子小矮人吓得用发抖的声音解释：“哦，老爷！看在上帝的份上，我烹制的这个酥皮馅饼完全是照配方做的，哪里可能缺少什么！”

“你是个骗人的小子！满嘴谎话！”公爵用脚踹着大鼻子小矮人并回答，“不缺少食材？我的客人绝对不会无故乱说。我真想把你剁成肉馅，放进酥皮馅饼里面烤！”

“可怜可怜我吧！”大鼻子小矮人哭叫着，跪在客人面前，用双手抱住侯爵的双腿，“求您指教，这个酥皮馅饼里缺少什么食材使得它不合您的口味？不要让我因为一捧肉和面粉就去死呀！”

“我也实在帮不了你，亲爱的大鼻子”，陌生人大笑着回答，“昨天我就知道，你一定不如我的厨师，做不出这道菜肴。食材里缺乏一味香草，你们根本不认识它——‘乐意咳嗽’。如果没有这味香草，酥皮馅饼就不够有滋味，你的主人会像我一样，绝不会喜欢吃的。”

在这番话的挑拨下，法兰基斯坦的统治者勃然大怒。“我一定要吃到酥瑟香尼！”公爵瞪着喷火的眼睛大喊，“我以王公的名誉起誓，明天要么让我吃到酥皮馅饼——符合您要求的，要么就把这家伙的头颅挂在公爵宫的大门上。快滚蛋吧，你这小子，我最后再给你24小时时间！”

大鼻子小矮人又回到住处，含着眼泪向咪咪鹅抱怨自己的不幸：从来没有听说过这种香草，自己这次死定了。

“难道只为这个吗？”她说，“我恰好可以帮助你，因为我父亲之前教我认识过所有香草。嗯，如果换个日子，你就非死不可了！但幸运的是，今天正碰上新月，只有在这个时候，那种香草才会开花。说说看，宫殿附近有老栗树吗？”

“哦，有的！”大鼻子小矮人如释重负地答道：“在湖滨有，离屋子有两百步，那里有一片栗树林。可你为什么问这个？”

“‘乐意咳嗽’香草只在老栗树脚下开花，”咪咪说，“我们不能错过时间，要赶快去寻找你所需要的香草。抱着我出去，到了外面再把我放在地上。我会帮助你寻找香草。”

大鼻子小矮人立刻照咪咪鹅的话去做，抱着咪咪一起来到宫殿的大门口。但是，看门人持枪挡住了他们两个的去路，并说：“我的好大鼻子，很抱歉。你不能离开公爵府，公爵有严格的命令！”

请在80页继续阅读。

最精美的汤 汤饮香草指的是欧当归（见60页），但马郁兰同样适合做汤。下列香草都可放在汤中调味，各有其独特的味道：欧香芹（“汤饮根茎”的别名表明欧香芹是做汤不可或缺的香料）、来自南方的月桂，以及草地上的酸模。

月桂

拉丁学名：*Laurus nobilis*

科：樟科

月桂是一种常绿灌木或乔木，是古老的宗教祭祀物和文化植物。起初，人们常用月桂的叶子装饰偶像和胜利者。在古代，曾把月桂尊为医术神圣（阿波罗和阿斯克勒庇俄斯）的专用品。

食用方法：月桂的叶子可当作香料，用于做汤和酱汁，还可放在小扁豆和土豆等菜式中调味。

用途：月桂有助于消化。月桂油常被用于化妆品行业中。

马郁兰

拉丁学名：*Majorana hortensis*

科：唇形科

栖身地：马郁兰生长在北非和南欧。

食用方法：马郁兰是重要的烹饪香草，可作为炖菜、烤鹅和烤鸭的香料。在制作香肠的过程中，也可大量使用马郁兰。此外，马郁兰还适合烹调汤、土豆菜肴和比萨饼。

用途：马郁兰也是受欢迎的草药，对整个人体都有作用。马郁兰可刺激食欲，强健神经系统，帮助消化，并有缓解痉挛、发汗和祛痰的作用。感冒时可洗马郁兰精油浴，能使身体感到舒服。马郁兰也可预防咳嗽，有润喉的作用。

长在湿润草坪中，
滋味美妙沙拉葱。
好野菜者发誓赞，
押韵风沙大漠同。

谜底：酸模

欧香芹

拉丁学名： ***Petroselinum hortense***

科：伞形科

栖身地： 欧香芹来自地中海地区。由于味美，如今在欧洲大部分菜园中都有种植。

食用方法： 简直不能想象厨房没有欧香芹。把新鲜叶子切碎，放在汤、沙拉、调料和蔬菜里味道非常好。没有欧香芹，就没有欧香芹马铃薯这道菜肴。每捧汤料蔬菜中都少不了欧香芹根，“汤饮根茎”之名就强调了其重要性。

用途： 欧香芹能刺激食欲，帮助消化，并有利尿及缓解痉挛的作用。咀嚼新鲜欧香芹有助于抗口臭。

爸爸不喜欢沙拉，妈妈不喜欢奶酪。
我不爱吃菠菜泥，弟弟讨厌甜味道。
普普通通一家亲，我们皆爱欧香芹。

酸模

拉丁学名： ***Rumex acetosa***

科：蓼科

栖身地： 酸模生长在草地和山坡上，应在开花前采集。

酸模汤

需要准备如下食材： 1汤匙黄油｜1汤匙面粉｜1升蔬菜清汤｜两大捧酸模叶子。不需要盐！

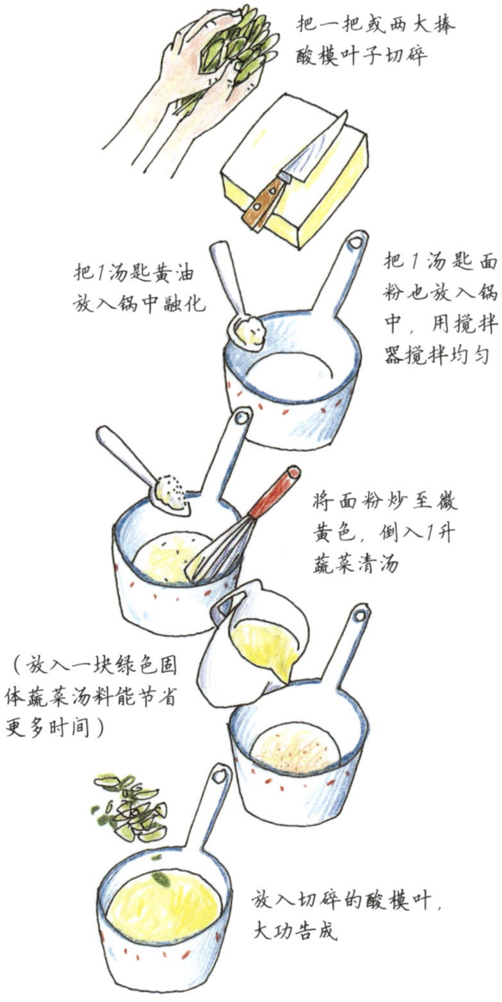

哪些香草适合煮汤?

哪些香草既适合煮汤，

三色堇叶
洋葱
香蓍草
蒲公英
金盏花
欧当归
冬香薄荷
峨参
胡椒
肉豆蔻
散发新鲜的酸涩味道
只有一部分人
喜欢用我拌沙拉
用来替代大蒜
也适合拌沙拉
上菜前撒入
味道十分鲜香
既美观又甜美
不仅美观，而且美味
尽量在春天采摘嫩叶，这样才不苦口
用花瓣装饰沙拉
不仅仅放在芥末酱和醋中才味美
味道酸涩
是一种价格十分便宜的植物
适当掌握用量
哪些香草适合拌沙拉？
又适合拌沙拉？

“连花园也不让我去吗？”大鼻子小矮人祈求道：“行行好，让你的同伴去问问公爵府总管，我能不能进入花园，去采集香草？”

守门人照着大鼻子小矮人的话去询问了，并且得到允许放行的消息。花园外面围着高高的围墙，谁也别想从这里逃出去。

咪咪鹅和大鼻子小矮人来到花园，他把咪咪鹅轻轻放下。只见咪咪鹅快步走在大鼻子小矮人前面，直奔湖边的老栗树。大鼻子小矮人跟着咪咪鹅，心脏扑扑直跳，这是他最后的希望。一旦找不到香草，自己的末日就到了。

咪咪鹅的寻找是徒劳的。她找遍了每棵栗树，用嘴翻开所有杂草仔细寻找了一遍都没有。咪咪鹅不愿被大鼻子小矮人看到自己因为绝望和恐惧而流下的眼泪。已经到了晚上，天开始变得黑黢黢，越来越难分辨周围的物体。

大鼻子小矮人不由把目光投向湖面，突然大声喊起来：“看，快看，湖对面还有一棵高大的老栗树。我们去那里看看，说不定能有好运气。”

咪咪鹅跳跃着向前飞去，大鼻子小矮人紧跟着跑在后面，尽着最快的速度。老栗树投下一大片阴影，周围笼罩在黑暗中，几乎什么也看不清。突然，咪咪鹅停下来，兴奋地扇动起翅膀，然后迅速地把头伸进高高的草丛，叼出一个东西。咪咪鹅把嘴里叼的植物一边转交给惊讶的大鼻子小矮人，一边说：“这就是咱们要找的香草，这里长着好多，足够你用了。”

大鼻子小矮人着迷地看着香草。蓝绿色的茎和叶，托着镶黄边的火红花朵。一股馨香扑鼻而来，让他不由自主地想起自己当年变身的情景。

“感谢上帝！”大鼻子小矮人终于喊出声，“这真是一个奇迹！你知道吗，就是与这个一模一样的香草，把我变成这个丑陋的身形的。我应该现在就尝试这香草的法力吗？”“先不要！”咪咪鹅回答，“你现在采集一大捧这种香草，然后去你的房间，把钱和所有东西都收拾好，我们再来尝试。”

大鼻子小矮人依计而行，同咪咪鹅一起回到了自己的房间，由于激动，他的心脏怦怦跳。他把积攒的五六十块金币、一些衣服和鞋子都绑成一捆，然后说：“按神的意愿，我要离开这个地方了！”便立刻把鼻子埋进香草里，用力吸取它的芳香气息。

请在86页继续阅读。

伤风感冒 薰衣草、宽叶百里香、金盏花和洋葱是用途广泛的香草，十分有助于预防感冒。为了预防感冒，最好喝宽叶百里香和金盏花茶饮，此外，还可以用洋葱烹调薰衣草来食用，或把薰衣草精油放入熏香灯中使用。如果已经患上伤风，则要饮用洋葱汁。

薰衣草

薰衣草有抗炎的作用，往香薰灯里滴几滴薰衣草精油，能缓解呼吸道的不适感。

宽叶百里香

拉丁学名：*Thymus serpyllum*

科：唇形科

栖身地： 在欧洲大部分土壤贫瘠没有高大植被的地方，都有宽叶百里香生长，如铁路路基、田野边缘和干燥的树林边缘。宽叶百里香明亮而芳香的花朵海洋是蜜蜂的天堂。

食用方法： 与百里香一样，宽叶百里香可用作肉类的调味品，也能作为腌料来使用，拌沙拉或放入茶饮都不错。

用途： 宽叶百里香能消毒，可加强神经系统的功能和缓解痉挛。在民间信仰中，宽叶百里香是具有防妖辟邪作用的植物。今天仍然能看到，在牲畜圈棚、谷仓和许多农家挂着宽叶百里香花圈。

金盏花

拉丁学名：*Calendula officinalis*

科：菊科

栖身地： 金盏花在欧洲和西亚生长范围广泛，无论在花园，还是在废墟都有生长。

金盏花不仅长得十分美丽，而且花期长，长势繁茂。

用途： 金盏花能促进伤口愈合，抑制内外部炎症，还有缓解痉挛的作用。金盏花可制成茶饮，更常常被制成软膏［两种形式都使用的是鲜花（切碎，或晒干使用）或叶子］。用金盏花沐浴有益身体，如在晒伤后可做一次金盏花沐浴。金盏花与欧锦葵配合可制成舒胃茶饮。用金盏花沤出的植物肥料可以改善土壤质量。还可以把金盏花作为晴雨显示计使用，如果上午7点金盏花还未展开花苞，那么这一天一定下雨。

洋葱

止咳洋葱汁

拉丁学名：*Allium cepa*

科：百合科

栖身地：洋葱最初来自中亚大草原，而今在整个中欧都有种植。

食用方法：洋葱是世界上重要的球茎蔬菜。洋葱既可生吃，也可熟吃，适合各种烹调方法。也可拌在沙拉中食用。

用途：洋葱的药用部分是在地下生长的，也就是带有层层鳞片叶的洋葱头。其汁液可刺激食欲，加强神经系统的功能、排毒养颜、帮助消化和净化血液。眼部感染后，可用洋葱刺激眼睛流出泪水。洋葱还有良好的止咳效用。本页展示的自制的洋葱汁，有助于辅助治疗感冒和咳嗽。这种家庭自制药剂的做法如右侧图示。

双语小诗

人人称妈妈“赤普拉（Cipolla）”，
（翻译过来就是：洋葱头）
她听了从来不生气。
妈妈称我“赤普莉诺（Cipollino）”，
（翻译过来就是：小洋葱头）
我也一点不生气。

辣!!! 当你想到辣味时，自然会联想到胡椒。当然，还有其他调料也会赋予菜肴辣味，如生姜和辣椒。还有一种植物——冬香薄荷也具有辣味。

冬香薄荷

拉丁学名：*Satureja hortensis*

科：唇形科

栖身地：冬香薄荷原产于地中海周边国家，在欧洲被作为香料植物进行栽培。冬香薄荷需要温暖的气候，在石灰质土壤中生长，对霜冻敏感。有一年生和两年生两种。

冬香薄荷是长着浓密分支的灌木，茎秆是木质的，长着狭窄的钝头叶子，其不显眼的花朵是良好的蜜源花。

食用方法：一般把冬香薄荷作为烹调各种豆子菜肴的香料，如扁豆和豌豆。冬香薄荷有胡椒一样的气味和味道，所以在烹制豆类时，可以用其代替胡椒。还可以用冬香薄荷给烤羊、烤兔或野兔调味。

用途：推荐用冬香薄荷制作茶饮，这样可用于辅助治疗肠胃痉挛。冬香薄荷也是一种不错的止咳植物。

胡椒

拉丁学名：*Piper nigrum*

科：胡椒科

栖身地：长着粒状浆果的常绿植物胡椒，原产于印度，能缘树木或支柱桩爬到6米高。胡椒科植物也生长在印尼、马来西亚、斯里兰卡、巴西和马达加斯加。根据成熟程度，我们可以得到黑色、白色和绿色的胡椒。

食用方法：胡椒除了可用于各类腌料，增加鱼汤、调味汁和肉类的香味，还用于香肠的制作。胡椒粉是一种万能香料，适用于汤、酱汁、鱼肉菜肴和沙拉。

俗语：

走开，去长胡椒的地方（离得越远越好）！

添胡椒加盐（贵得离谱）！

兔子已经躺在胡椒里（那就是问题所在）！

谜语：

兔子在哪里？

在走运？

在发牢骚？

还是躺在……（胡椒）里？

胡椒的历史

如今，在阿拉伯香料销售行业中，胡椒是代表性的热带调味料。来自阿拉伯福地，香料王国“示巴”周围的阿拉伯人，供应着西方珍贵的香料。

当年，埃及的亚历山大港曾是世界上最重要的胡椒集散地。

来自威尼斯、热那亚、比萨和利沃诺港口城市的意大利商船把胡椒运往欧洲，并且各自逐渐发展成为胡椒重镇（在那时，威尼斯的商船队有3000艘船）。

1498年，葡萄牙航海家达伽马探险抵达非洲西海岸。他在那里发现了胡椒，并在返航时带回，自此意大利作为胡椒重镇之星才开始陨落。

不久，胡椒种植传播到其他热带国家。然而，这无法阻止投机和价格垄断。据估计，葡萄牙人把胡椒价格提高了600%，在这之后，荷兰人又计划把胡椒利润增加到1000%。英国人哪里能错过这样赚钱的好生意——胡椒是他们进行殖民征服的关键目标。英国人夺走荷兰人在印度的财产，并看准时机把阿姆斯特丹“胡椒大款”赶出整个东亚。由英国人修建的槟城港口迅速发展成世界最重要的胡椒港口之一。

在18世纪后期，美国航海家乔纳森·卡恩斯船长满载着大量胡椒从苏门答腊返回。在之后的几年，苏门答腊岛和美国之间产生了兴旺的胡椒贸易。在达到顶峰的1805年，美国有近400万千克的胡椒进口。1873年进行了最后一次胡椒航程。一方面岛民不想出卖更多胡椒，另一方面海盗也让美国人望而却步。

伴随着骨骼咔咔的响声，大鼻子小矮人的全身伸展开来。他感觉自己的脑袋慢慢从肩膀升起；他斜眯着眼看见自己的鼻子正逐渐变小；他的背部和胸部开始变得平展，他的腿也变长了。

咪咪鹅惊讶地看着整个过程。“哈！你真高大！真英俊呀！”她不禁高呼，“感谢上帝，你的模样彻底改变了，完全找不到原先的一点影子！”

雅各布非常高兴，激动地紧握双手祈祷。尽管兴奋万分，他也没有忘记自己欠下咪咪鹅的情分。尽管雅各布的内心敦促着，应当尽快回到父母身边，可他的感激之情战胜了私心。雅各布感激地对咪咪鹅说：“还有谁比你更值得感谢吗？是你帮助我恢复了自己原先的形体！没有你，我就找不到这种香草，或将永远保持那个丑陋的相貌，甚至死在刽子手的斧头之下。我要报答你。我要把你护送到你父亲那里去。他通晓各种魔法招数，一定能把你从巫术中解救出来。”

咪咪鹅含着喜悦的泪水，接受了雅各布的提议。神不知，鬼不觉，雅各布和母鹅一起安全走出公爵府，兴高采烈地向大海边走去，那里有咪咪鹅的家乡。

还用我讲什么吗？讲讲他们的旅行是否很完美？讲讲“气象山羊”如何破除女儿中的巫术？讲讲雅各布满载着礼物，终于回到故乡？讲讲雅各布的父母如何开心地认出那英俊青年就是失散多年的儿子？还是讲讲雅各布利用“气象山羊”赠送的礼物买了一个店铺，从此富足而快乐地生活？

我还要讲述的是，雅各布离开公爵府后，公爵府发生了一场大动乱。次日，当公爵正要履行他的誓言时——如果没有找到香草，就砍掉小矮人的脑袋！小矮人却无影无踪了。不过那个侯爵却说，是公爵指使小矮人暗地离开的，为的是不失去自己最好的厨师。他指责公爵背信弃义，说大话。从而这两位公侯发动了一场历史上著名的战争——“香草之战”。经过大大小小许多战役，最终达成“酥皮馅饼和平”。原因是，侯爵在和解庆祝会上，让自己的厨师做出了馅饼女王——酥瑟香尼酥皮馅饼，令公爵大快朵颐。

微不足道的小事，往往会引起重大的后果。

完

词汇解释

水浸（沏泡）法：取叶子、花或整个花草制成的茶，如洋甘菊的花、香蜂草或胡椒薄荷的叶子，以及欧洲龙芽草等，装入容器中，浇上开水；盖上盖子，浸泡5~10分钟；过滤去渣饮用。

水煮法：取种子、树皮或根制成的茶，如茴香子、橡树皮和蒲公英根等，切碎（根类用刀切，种子用研钵研磨）后，加水煮熟。然后将植物连汤静置10分钟，过滤。当然也有例外制法（见冷水浸泡法）。

冷水浸泡法适于用根茎制成的茶，如药蜀葵的根茎不能煎煮，否则会失去有效成分。把根茎在冷水中静置过夜，经过滤后，温热饮用。

洗浴添加剂有以下两种制作方法：

一种是先烹茶，然后把茶水过滤掉，混入洗澡水中。另一种是取用所需要的植物精油，滴在一汤匙盐或鲜奶油中，然后把混合物加入到洗澡水中。

香草包：香草也可以在干燥情况下使用，如把香草装入小包中，在疼痛的肌肉或关节上热敷使用。

油浸萃取（冷浸）法，如贯叶连翘精油：把贯叶连翘的花和花蕾放置在一个玻璃容器内，轻轻按压，浇入橄榄油至盖过香草。把玻璃容器放置在阳光下，晒3~4周，经过滤后，把油浸萃取物存储在深色瓶子中。

油浸萃取（热浸）法：有许多用热的动植物油浸制精油的方法，但是要注意飞溅的油脂。浇入热油后，加入蜂蜡，可制成良好的软膏或油膏。

酊剂法：主要用以制作植物酊剂（或滴剂），如把山金车花放入浓度为80%的酒精中浸泡。具体步骤是，把花头装在罐子里，加入酒精盖过花头，然后密闭储存。放置3周后，把酒精过滤掉，存储在深色瓶子中。酊剂可用于摩擦按揉疼痛处。

用上述方法也可以浸泡叶子等，如香蜂草叶或根茎。

采集

从春到秋，大自然都向我们奉献着繁茂昌盛的香草。有些香草仅生长在一定的季节，如熊葱预示着春天到来；有些香草能一年四季茁壮成长，如荨麻。冬天会呼唤植物缩回到地下，或播下种子休眠，以便次年能萌发生长。

为了时时有足够的香草供泡茶或烹调使用，我们先要采集香草，再进行脱水干燥。

只有天气好、阳光灿烂、香草干松时，才能进行采集。应采摘植物的有用部分，如金盏花的花头、整株开花的小米草。注意把多年生草本植物如熊葱的根留在土壤里；注意保留数株一年生植物，使其能播下种子繁殖，也许我们明年还要来采集。

最好用手采摘香草，不过要带上厚手套才可采摘荨麻。只有必要时，才用剪刀来帮助采摘香草。用篮子或纸袋把采摘的香草装运到厨房。只有必须使用新鲜香草时，才可以用塑料袋装运。香草装在塑料袋内，会因没有失去水分而保鲜一天。

还可以直接把香草绑成一束，这样方便立即将其悬挂晾干。

如果想在冬天也有“新鲜”香草供烹调使用，那么可以把香草分成小份，装在保鲜袋或较大容器中冷冻，直到需要使用时才拿出，如把欧香芹从保鲜袋中取出，撒在汤里或做好的食物上。

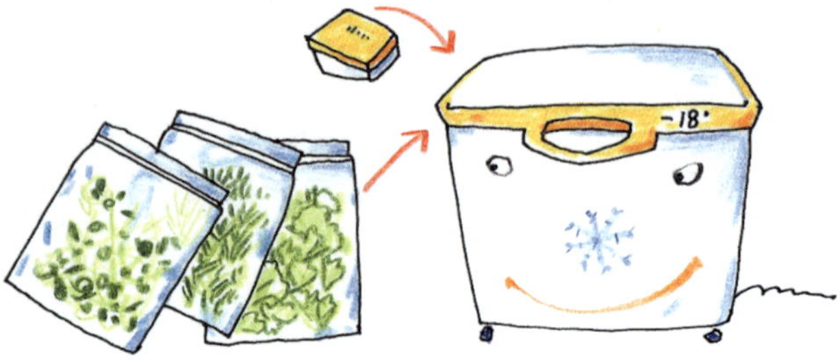

干燥

为了在冬季也有茶饮和香料使用，可在温暖的季节干燥香草。这样就能做到有备无患，丰衣足食。

把香草悬挂在阴凉处晾干，这种方法被称为空气干燥法，可节约能源。如果要把植物的花瓣一起干燥，则可在一束香草外套一个纸袋。待到全部干燥，轻轻从秸秆处捋下叶子（和花），使其落入碗盘中，然后把香草收集在密封的玻璃瓶或纸袋中。

将洋葱的叶子编织成辫子，然后悬挂起来，这样既可以保持通风，同时可以随时取下一颗洋葱头进行烹调。

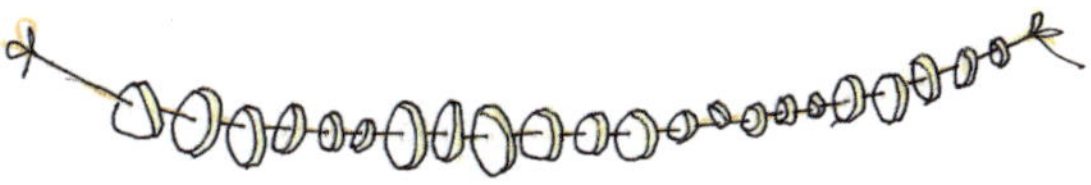

把根茎香草串在绳上，悬挂起来进行空气干燥。如果没有足够的空间悬挂，或想干得更快，也可以用烤箱烘烤香草的根茎。把香草的根茎清洗干净，然后切成片，摆放在烤盘中，温度设定在60℃左右。待完全干燥后，把香草保存在密封的玻璃瓶或纸袋中。

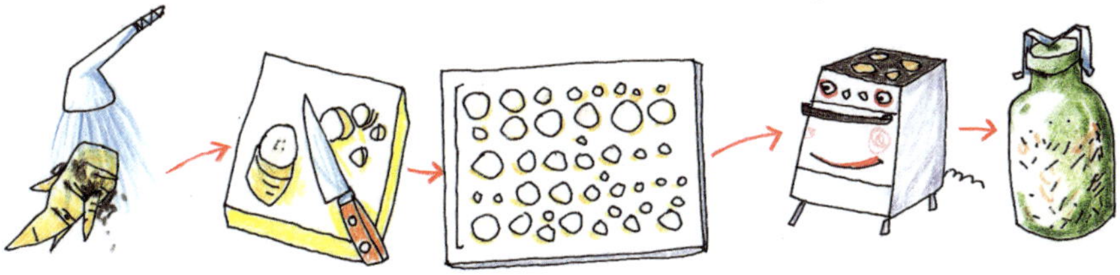

可把果实类香草脱水，制成干果，比如欧洲刺柏果。在烤箱或脱水装置中，用尽可能低的温度，把果实中的水分蒸发掉。将花头和种子一起摊开摆在纸上，注意经常翻面，让香草均匀干燥，而不致烤煳。也可以把花头如右图所示穿插在格栅中，以保持花朵的美观。

世上最贵的香料

番红花

拉丁学名：*Crocus sativus*

科：鸢尾科

人们使用的通常是刚盛开的番红花的柱头和花柱，是番红花中小而轻的部分，所以番红花是世界上最昂贵的香料：要想得到1千克番红花，必须收集200000个柱头，而且必须纯手工采摘。

记得那首《烤呀烤蛋糕》的歌曲吗？歌中就提到了番红花，而且提到了它在食品中的作用：番红花让蛋糕变黄。

我来自东方，
味道喷喷香。
把食品变成黄色，
是厨师和烘焙师的臂膀。

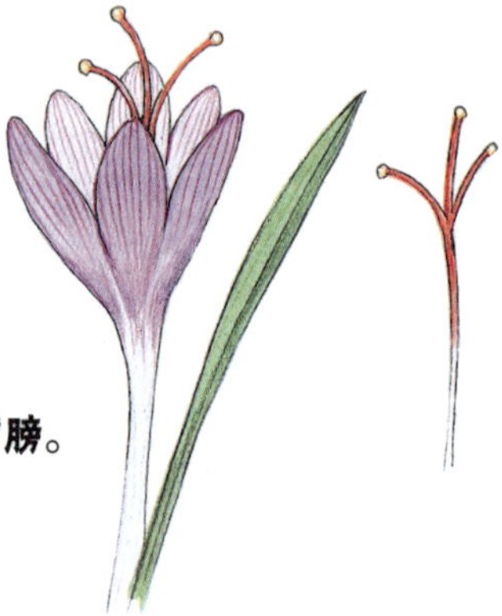

许多早先被划为**杂草**的植物具有不为人知的功能。不妨想想雏菊或全能的欧活血丹。荠菜、平车前、蓍草和荨麻都长得像野草一样。这些被称为附加香草或野生药材的植物，不仅其花朵令我们赏心悦目，而且适合充当营养丰富的牲畜饲料。

荠菜

拉丁学名： ***Capsella bursa-pastoris***

科：十字花科

栖身地： 荠菜生长在整个欧洲——无论是在草地、荒地、农田还是斜坡上，都长有荠菜。在没有植物的土壤中，荠菜如同一种先驱植物，总是第一个生长。如此可见，荠菜对生长环境要求不高。

用途： 由于具有收缩血管的功能，荠菜是一种很好的止血植物。除此之外，荠菜还有平衡血液循环和净化血液的作用。

蒲公英

拉丁学名： ***Taraxacum mongolicum***

科：菊科

栖身地： 到处都能发现野生的蒲公英，特别是施过肥的草地和路旁。蒲公英分布于全世界，其特征是管茎中有白色乳状汁液。

食用方法： 可把鲜嫩的叶心放入汤、沙拉、香草酱汁和烤肉中食用。由于蒲公英微苦，因此常常会对其进行淡化处理。

用途： 蒲公英茶饮有刺激食欲和促进消化，以及发汗和强身的作用。蒲公英花糖浆是辅助治疗咳嗽、声音嘶哑和咽喉肿痛的良好药剂。蒲公英的苦味物质对肝胆有益。

人生最美妙的是，生活在如此**丰富多彩**的世界里：既有小米草、苹果蠹蛾，也有肉桂皮和金丝雀，以及我们每个人，包括你和我。只有这样，才能生活得有声有色，五彩缤纷。

来自远方 我们的许多香料都是漂洋过海而来的，如胡椒、调料丁香、咖喱、生姜和肉豆蔻。也有许多香草虽然来自远方，但原产地并不是中欧，如罗勒和迷迭香。

姜

拉丁学名： *Zingiber officinale*

科：姜科

栖身地： 姜原产于东南亚，现在在世界所有热带地区都有生长。用作香料的是根茎，也被称为“手”。姜看上去有手掌大小，长着肿胀的手指，属于山柰家族。

食用方法： 如今越来越流行用生姜作香料了，如制成糖姜片和姜茶。然而更为大量使用生姜的是英国人和北美人，他们非常喜欢姜汁啤酒、姜汁汽水和姜饼。

用途： 姜有助于防止旅行疾病，所以在旅途中可口含姜糖果。

咖喱粉

栖身地： 咖喱的名称很可能来自印度南部，其泰米尔语单词为“KARI”（酱汁）。

食用方法： 在印度，咖喱首先是一种菜肴名称，而不是香料。直到今天，每道菜的咖喱还必须进行特别配制，由多种香料组成咖喱混合物。

我们使用的咖喱粉只是印度料理的远亲，是简单地把一些现成品混合在一起制成的。其中的主要原料是对光敏感的姜黄（黄根），其颜色决定了咖喱的颜色，虽然不正宗，还是能给日常的厨房美食带来一点异国情调。

咖喱（至少）由以下成分混合制成：

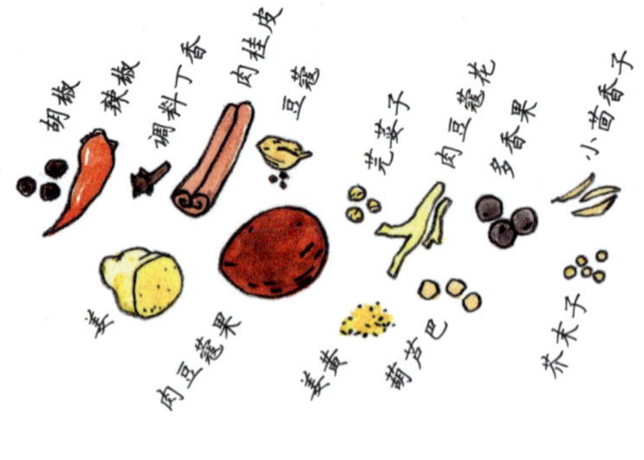

肉豆蔻

拉丁学名： *Myristica fragrans*

科：肉豆蔻科

我是坚硬的果仁，当作香料（新鲜研磨），带来超级享受。

我的故乡是摩鹿加群岛，那是哪里？我建议：去看看地图。

没有**水**就没有生命！

炎炎夏日，无论是来自水龙头、水泉还是蓄水池中的水，味道都非常美妙，沁人心脾。在一些国家，经常因为水而引发争吵，有时甚至爆发战争。而在一些干旱地区，如非洲，人们需要花费几个小时，长途跋涉去获得维持生命的水。

创伤 在香草中，有不少绝妙的疗伤药，然而山金车可能是最知名的一种。

山金车

拉丁学名：*Arnica montana*

科：菊科

栖身地：山金车喜爱生长在贫瘠的森林和高山牧场有光照的草地中。

用途：山金车是很好的创伤药，有消炎作用，故而可将其用在消毒过程中，以加速伤口愈合。在处理跌打损伤、瘀伤和关节风湿痛时，可以把山金车用作酊剂，但用后有刺疼烧灼感。山金车也可用于辅助治疗开放性伤口。饮用山金车茶可以调节血液循环。

注意：山金车可引起过敏反应（甚至发生在采摘时）。

山金车是受保护的植物！

妇科 香草对进入青春期的少女也有不可忽视的益处。借助香草可以缓解痉挛，消除疲劳，克服不舒适和疲倦的感觉。不仅如此，香草本身也具有舒缓身体的功效。

羽衣草

拉丁学名：*Alchemilla japonica*

科：蔷薇科

栖身地：在整个欧洲湿润的土壤中都能种植羽衣草，羽衣草尤其喜欢生长在溪水之畔。羽衣草极具特色的皱褶叶子，会让人联想到大衣。羽衣草的叶面是防水的，所以有时候叶子上的水滴会像珍珠一般滚动。

用途：羽衣草是一种良好的创伤香草，有止血愈创的作用。其茶饮（或果汁）也被用来对抗肥胖。由于有强健肌肉的作用，羽衣草还可作为幼儿的洗浴品来用。

因为有助于经期和更年期健康，羽衣草也被称为“女人香草”。另外，羽衣草还能促进顺利分娩。

披碱草

拉丁学名：*Elymus dahuricus*

科：禾本科

栖身地：无论在路边、草地、庄稼地，还是在花园里，披碱草在整个欧洲都能生长。

用途：披碱草茶可以净化血液和利尿。披碱草榨汁饮用有助于辅助治疗所有缺乏矿物质和维生素的疾病（湿疹、炎症和代谢障碍等）。由于含高浓度硅酸，披碱草也是出色的治肺疾药物。披碱草还是经常被推荐的坐浴药剂。

无比神奇

香蓍草

拉丁学名： *Achillea millefolium*

科：菊科

栖身地： 香蓍草从整个欧洲到北极圈都有生长，它们独自或成片地生长在草地、牧场、道路旁和田地边。

用途： 没有任何药用植物（洋甘菊除外）具有香蓍草这么多、这么有效的功能。香蓍草既能止血，还能增强抵抗力；既是实惠的抗炎药，还能改善食欲，消除肝脏的瘀血。强烈推荐女性使用。

蕨麻

拉丁学名： *Potentilla anserina*

科：蔷薇科

栖身地： 蕨麻最喜欢生长在路边和垃圾堆上，是一种氮含量指示植物。

用途： 蕨麻与直立委陵菜是近亲，效用也一样，是缓解痉挛的一种香草。由蕨麻、迷迭香和缬草根制成的混合茶饮可以无痛苦地辅助治疗痉挛型神经紊乱及腹泻。

保持健康香草

拉丁学名：*Narrissimus manens*

科：大笑科

栖身地：围绕空中楼阁生长，应该于4月1日拂晓收获，有紧急需要时也可灵活掌握收获时间。

用途：本香草有助于治疗缺乏幽默症，可防止过分严肃，能增加大笑笑纹，也可对抗忧伤肥膘和愁苦皱纹。保持健康香草的效用就像“开心蘑菇”一样。

关于保持健康香草的效用和副作用，请咨询医生。

阴和阳意见总不一，阴说热时，阳嫌冷。两者皆重要，都有理：瓶中鲜花需要凉，壶中茶饮热方宜。

时间

虽然每分钟皆是60秒，但是在等公共汽车时，你会感觉1分钟像1个小时那么久；和朋友一起玩时，你全神贯注，会感觉时间流逝如射箭那么快。

肉桂皮——甜点香料 肉桂皮等香料来自远方，大大丰富了我们的甜点口味。在香料贸易之初，如同胡椒和调料丁香的交易一样，肉桂皮的买卖让各种各样的贸易公司从中发财致富。香草和肉桂皮一旦与糖结合，就迸发出绝妙的美味。茴芹（见18页）是烘烤面包最受欢迎的香料，在面包香料一节有详细描述。不像在英语国度，姜在我们这里并非流行的甜点香料，不过却与苹果和蛋糕很搭。

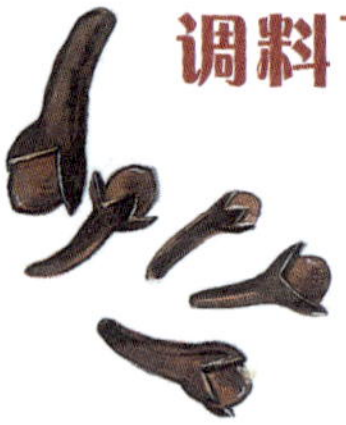

调料丁香

拉丁学名： ***Eygenia canyophyllata***

科：桃金娘科

栖身地： 丁香原产于香料群岛（摩鹿加群岛）。如今，丁香的主要供应地是桑给巴尔岛和奔巴岛。在这两个岛屿上，估计种有500万棵丁香树。10~12米高的常绿丁香树需要潮湿的海洋空气，只有在赤道附近才能茁壮成长。

食用方法： 丁香是制作德式姜饼和腌制品的香料，可用来制作糖渍水果和布丁，也能用来泡圣诞热红酒和混合宾治酒。

调料丁香的贸易

在古代，马来海员把丁香等香料运往锡兰（今斯里兰卡）。在那里，印度贸易商接着航行，把货物运抵红海港口。阿拉伯商人从这里接管，把货物继续送上香料之路。

在超过14个世纪的时间里，阿拉伯人一直垄断着这种利润丰厚的贸易。然后，葡萄牙人发现了到达香料群岛的海路，获得了大笔财富。荷兰人在殖民战争中夺取了这种垄断贸易，后来又被英国人抢去。

法国人最终取得丁香贸易的垄断地位：他们在留尼汪岛、毛里求斯和马达加斯加的岛屿上成功地种植了调料丁香树。

小妙招： 在圣诞节日到来之前，把许多调料丁香镶嵌在橙子上，之后你会体验到非常清香的味道！

香草

拉丁学名：*Vanilla planifolia*

科：兰科

栖身地：香草是热带攀缘兰花植物的荚果，生长在中南美洲。在将要成熟前，可采摘长达25厘米的豆荚形果实。把果实放入60℃的热水中焯过后，开始让荚果发酵，其过程可长达7个月之久。最终，才能产生香料香兰素。再把已经变成黑色的果荚分拣捆扎，放入密封容器中，方可最后出口。

食用方法：可放在甜点中，如放在糖渍水果、烘烤食品或蛋糕中，其味道芬芳宜人。

肉桂皮

拉丁学名：*Cinnamomum ceylanicum*

科：樟科

栖身地：肉桂皮是生长在斯里兰卡（原名锡兰）的常绿乔木。香料采用的是肉桂枝条的内皮。

食用方法：肉桂粉适于制作圣诞节的美食，如桂皮星星、德国姜饼和糖渍水果。做糖渍水果要用整块肉桂皮。

糖渍苹果

在这道糖渍苹果中，肉桂皮和调料丁香味道十分可口，快来试试！

需要准备以下食材：1千克苹果｜3~5粒调料丁香｜1块肉桂皮｜1升水｜50克糖

schmecken